NATURKUNDEN

讲述自然的故事

Heringe

Holger Teschke

鲱鱼

[德] 霍尔格·特施克 著

聂立涛 译

北 京 出 版 集 团
北 京 出 版 社

今天我们为什么还需要博物学？

李雪涛

一

在德文中，Naturkunde的一个含义是英文的natural history，是指对动植物、矿物、天体等的研究，也就是所谓的博物学。博物学是18、19世纪的一个概念，是有关自然科学不同知识领域的一个整体表述，它包括对今天我们称之为生物学、矿物学、古生物学、生态学以及部分考古学、地质学与岩石学、天文学、物理学和气象学的研究。这些知识领域的研究人员称为博物学家。1728年英国百科全书的编纂者钱伯斯（Ephraim Chambers, 1680 — 1740）在《百科全书，或艺术与科学通用辞典》（*Cyclopaedia, or an Universal Dictionary of Arts and Sciences*）一书中附有《博物学表》（*Tab. Natural History*），这在当时是非常典型的博物学内容。尽管从普遍意义上来讲，有关自然的研究早在古代和中世纪就已经存在了，但真正的"博物学"

（Naturkunde）却是在近代出现的，只是从事这方面研究的人仅仅出于兴趣爱好而已，并非将之看作是一种职业。德国文学家歌德（Johann Wolfgang von Goethe, 1749—1832）就曾是一位博物学家，他用经验主义的方法，研究过地质学和植物学。在18—19世纪之前，自然史——博物学的另外一种说法——一词是相对于政治史和教会史而言的，用以表示所有科学研究。传统上，自然史主要以描述性为主，而自然哲学则更具解释性。

近代以来的博物学之所以能作为一个研究领域存在的原因在于，著名思想史学者洛夫乔伊（Arthur Schauffler Oncken Lovejoy, 1873—1962）认为世间存在一个所谓的"众生链"（the Great Chain of Being）：神创造了尽可能多的不同事物，它们形成一个连续的序列，特别是在形态学方面，因此人们可以在所有这些不同的生物之间找到它们之间的联系。柏林自由大学的社会学教授勒佩尼斯（Wolf Lepenies, 1941— ）认为，"博物学并不拥有迎合潮流的发展观念"。德文的"发展"（Entwicklung）一词，是从拉丁文的"evolvere"而来的，它的字面意思是指已经存在的结构的继续发展，或者实现预定的各种可能性，但绝对不是近代达尔文生物进化论意

义上的新物种的突然出现。18世纪末到19世纪，在欧洲开始出现自然博物馆，其中最早的是1793年在巴黎建立的国家自然博物馆（Muséum national d'histoire naturelle）；在德国，普鲁士于1810年创建柏林大学之时，也开始筹备"自然博物馆"（Museum für Naturkunde）了；伦敦的自然博物馆（Natural History Museum）建于1860年；维也纳的自然博物馆（Naturhistorisches Museum）建于1865年。这些博物馆除了为大学的研究人员提供当时和历史的标本之外，也开始向一般的公众开放，以增进人们对博物学知识的了解。

　　德国历史学家科泽勒克（Reinhart Koselleck, 1923—2006）曾在他著名的《历史基本概念——德国政治和社会语言历史辞典》一书中，从德语的学术语境出发，对德文的"历史"（Geschichte）一词进行了历史性的梳理，从中我们可以清楚地看出博物学/自然史与历史之间的关联。从历史的角度来看，文艺复兴以后，西方的学者开始使用分类的方式划分和归纳历史的全部知识领域。他们将历史分为：神圣史（historia divina）、文明史（historia civilis）和自然史

（historia naturalis）¹，而所依据的撰述方式是将史学定义为叙事（erzählend）或描写（beschreibend）的艺术。由于受到基督教神学造物主/受造物的二分法的影响，当时具有天主教背景的历史学家习惯将历史分为自然史（包括自然与人的历史）和神圣历史，例如利普修斯（Justus Lipsius, 1547—1606）就将描述性的自然志（historia naturalis）与叙述史（historia narrativa）对立起来，并将后者分为神圣历史（historia sacra）和人的历史（historia humana）。科泽勒克认为，随着大航海时代的开始，西方对海外殖民地的掠夺，新大陆以及新民族的发现，使时间开始向过去延展。到了17世纪，人们对过去的认识就已不再局限于《圣经》记载的创世时序了。通过莱布尼茨（Gottfried Wilhelm Leibniz, 1646—1716）和康德（Immanuel Kant, 1724—1804）的努力，自然的时间化（Verzeitlichung）着眼于无限的未来，打开了自然有限的过去，也为人们历史地阐释自然做了铺垫。到了18世纪，博物

1　不论在古代，还是中世纪，拉丁文中的"historia"既包含着中文的"史"，也有"志"的含义，而在"historia naturalis"中主要强调的是对自然的观察和分类。近代以来，特别是 18 世纪至 19 世纪，"historia naturalis"成为了德文的"Naturgeschichte"，而"自然志"脱离了史学，从而形成了具有历史特征的"自然史"。

学（Naturkunde）慢慢脱离了史学学科。科泽勒克认为，赫尔德（Johann Gottfried Herder, 1744—1803）最终完成了从自然志向自然史的转变。

二

尽管在中国早在西晋就有张华（232—300）十卷本的《博物志》印行，但其内容所涉及的多是异境奇物、琐闻杂事、神仙方术、地理知识、人物传说等等，更多的是文学方面的"志怪"题材作品。其后出现的北魏时期郦道元（约470—527）著《水经注》、贾思勰著《齐民要术》（成书于533—544年间），北宋时期沈括（1031—1095）著《梦溪笔谈》等，所记述的内容虽然与西方博物学著作有很多近似的地方，但更倾向于文学上的描述，与近代以后传入中国的"博物学"系统知识不同。其实，真正给中国带来了博物学的科学知识，并且在中国民众中起到了科学启蒙和普及作用的是自19世纪后期开始从西文和日文翻译的博物学书籍。

尽管"博物"一词是汉语古典词，但"博物馆""博物学"等作为"和制汉语"的日本造词却产生于近代，即便是"博物志"一词，其对应上"natural history"也是在近代日本完成

的。如果我们检索《日本国语大辞典》的话，就会知道，博物学在当时是动物学、植物学、矿物学以及地质学的总称。据《公议所日志》载，明治二年（1869）开设的科目就有：和学、汉学、医学和博物学。而近代以来在中文的语境下最早使用"博物学"一词是1878年傅兰雅《格致汇编》第二册《江南制造总局翻译系书事略》："博物学等书六部，计十四本"。将"natural history"翻译成"博物志""博物学"，是在颜惠庆（W. W. Yen, 1877—1950）于1908年出版的《英华大辞典》中。这部辞典是以当时日本著名的《英和辞典》为蓝本编纂的。据日本关西大学沈国威教授的研究，有关植物学的系统知识，实际上在19世纪中叶已经介绍到使用汉字的日本和中国。沈教授特别研究了《植物启原》（宇田川榕庵著，1834）与《植物学》（韦廉臣、李善兰译，1858）中的植物学用语的形成与交流。也就是说，早在"博物学"在中国、日本被使用之前，有关博物学的专科知识已经开始传播了。

三

这套有关博物学的小丛书系由德国柏林的 Matthes & Seitz 出版社策划出版的。丛书的内容是传统的博物学，大致相当

于今天的动物学、植物学、矿物学，涉及有生命和无生命，对我们来说既熟悉又陌生的自然。这些精美的小册子，以图文并茂的方式，不仅讲述有关动植物的自然知识，并且告诉我们那些曾经对世界充满激情的探索活动。这套丛书中每一本的类型都不尽相同，但都会让读者从中得到可信的知识。其中的插图，既有专门的博物学图像，也有艺术作品（铜版画、油画、照片、文学作品的插图）。不论是动物还是植物，书的内容大致可以分为两个部分：前一部分是对这一动物或植物的文化史描述，后一部分是对分布在世界各地的动植物肖像之描述，可谓是丛书中每一种动植物的文化史百科全书。

这套丛书是由德国学者编纂，用德语撰写，并且在德国出版的，因此其中运用了很多"德国资源"：作者会讲述相关的德国故事［在讲到猪的时候，会介绍德文俗语"Schwein haben"（字面意思是：有猪，引申意是：幸运），它是新年祝福语，通常印在贺年卡上］；在插图中也会选择德国的艺术作品［如在讲述荨麻的时候，采用了文艺复兴时期德国著名艺术家丢勒（Albrecht Dürer, 1471—1528）的木版画］；除了传统的艺术之外，也有德国摄影家哈特菲尔德（John Heartfield, 1891—1968）的作品《来自沼泽的声音：三千多年的持续近亲

繁殖证明了我的种族的优越性！》——艺术家运用超现实主义的蟾蜍照片，来讽刺1935年纳粹颁布的《纽伦堡法案》；等等。除了德国文化经典之外，这套丛书的作者们同样也使用了对于欧洲人来讲极为重要的古埃及和古希腊的例子，例如在有关猪的文化史中就选择了古埃及的壁画以及古希腊陶罐上的猪的形象，来阐述在人类历史上，猪的驯化以及与人类的关系。丛书也涉及东亚的艺术史，举例来讲，在《蟾》一书中，作者就提到了日本的葛饰北斋（1760—1849）创作于1800年左右的浮世绘《北斋漫画》，特别指出其中的"河童"（Kappa）也是从蟾蜍演化而来的。

从装帧上来看，丛书每一本的制作都异常精心：从特种纸彩印，到彩线锁边精装，无不透露着出版人之匠心独运。因此，用这样的一种图书文化来展示的博物学知识，可以给读者带来独特而多样的阅读感受。从审美的角度来看，这套书可谓臻于完善，书中的彩印，几乎可以触摸到其中的纹理。中文版的翻译和制作，同样秉持着这样的一种理念，这在翻译图书的制作方面，可谓用心。

四

自20世纪后半叶以来，中国的教育其实比较缺少博物学的内容，这也在一定程度上造成了几代人与人类的环境以及动物之间的疏离。博物学的知识可以增加我们对于环境以及生物多样性的关注。

我们这一代人所处的时代，决定了我们对动植物的认识，以及与它们之间的关系。其实一直到今天，如果我们翻开最新版的《现代汉语词典》，在"猪"的词条下，还可以看到一种实用主义的表述："哺乳动物，头大，鼻子和口吻都长，眼睛小，耳朵大，四肢短，身体肥，生长快，适应性强。肉供食用，皮可制革，鬃可制刷子和做其他工业原料。"这是典型的人类中心主义的认知方式。这套丛书的出版，可以修正我们这一代人的动物观，从而让我们看到猪后，不再只是想到"猪的全身都是宝"了。

以前我在做国际汉学研究的时候，知道国际汉学研究者，特别是那些欧美汉学家们，他们是作为我们的他者而存在的，因此他们对中国文化的看法就显得格外重要。而动物是我们人类共同的他者，研究人类文化史上的动物观，这不仅仅对某一个民族，而是对全人类都十分重要的。其实人和动植物

之间有着更为复杂的关系。从文化史的角度，对动植物进行描述，这就好像是在人和自然之间建起了一座桥梁。

拿动物来讲，它们不仅仅具有与人一样的生物性，同时也是人的一面镜子。动物寓言其实是一种特别重要的具有启示性的文学体裁，常常具有深刻的哲学内涵。古典时期有《伊索寓言》，近代以来比较著名的作品有《拉封丹寓言》《莱辛寓言》《克雷洛夫寓言》等等。法国哲学家马吉欧里（Robert Maggiori, 1947 —　）在他的《哲学家与动物》（*Un animal, un philosophe*）一书中指出："在开始'思考动物'之前，我们其实就和动物（也许除了最具野性的那几种动物之外）有着简单、共同的相处经验，并与它们架构了许许多多不同的关系，从猎食关系到最亲密的伙伴关系。……哲学家只有在他们就动物所发的言论中，才能显现出其动机的'纯粹'。"他进而认为，对于动物行为的研究，可以帮助人类"看到隐藏在人类行径之下以及在他们灵魂深处的一切"。马吉欧里在这本书中，还选取了"庄子的蝴蝶"一则，来说明欧洲以外的哲学家与动物的故事。

五

很遗憾的是，这套丛书的作者，大都对东亚，特别是中国有关动植物丰富的历史了解甚少。其实，中国古代文献包含了极其丰富的有关动植物的内容，对此在德语世界也有很多的介绍和研究。19世纪就有德国人对中国博物学知识怀有好奇心，比如，汉学家普拉斯（Johann Heinrich Plath, 1802—1874）在1869年发表的皇家巴伐利亚科学院论文中，就曾系统地研究了古代中国人的活动，论文的前半部分内容都是关于中国的农业、畜牧业、狩猎和渔业。1935年《通报》上发表了劳费尔（Berthold Laufer, 1874—1934）有关黑麦的遗著，这种作物在中国并不常见。有关古代中国的家畜研究，何可思（Eduard Erkes, 1891—1958）写有一系列的专题论文，涉及马、鸟、犬、猪、蜂。这些论文所依据的材料主要是先秦的经典，同时又补充以考古发现以及后世的民俗材料，从中考察了动物在祭礼和神话中的用途。著名汉学家霍福民（Alfred Hoffmann, 1911—1997）曾编写过一部《中国鸟名词汇表》，对中国古籍中所记载的各种鸟类名称做了科学的分类和翻译。有关中国矿藏的研究，劳费尔的英文名著《钻石》（*Diamond*）依然是这方面最重要的专著。这部著作出版于1915年，此后

门琴－黑尔芬（Otto John Maenchen-Helfen, 1894 — 1969）对有关钻石的情况做了补充，他认为也许在《淮南子》第二章中就已经暗示中国人知道了钻石。

此外，如果具备中国文化史的知识，可以对很多话题进行更加深入的研究。例如中文里所说的"飞蛾扑火"，在德文中用"Schmetterling"更合适，这既是蝴蝶又是飞蛾，同时象征着灵魂。由于贪恋光明，飞蛾以此焚身，而得到转生。这是歌德在他的《天福的向往》（Selige Sehnsucht）一诗中的中心内容。

前一段时间，中国国家博物馆希望收藏德国生物学家和鸟类学家卫格德（Max Hugo Weigold，1886 — 1973）教授的藏品，他们向我征求意见，我给予了积极的反馈。早在1909年，卫格德就成为了德国鸟类学家协会（Deutsche Ornithologen-Gesellschaft）的会员，他被认为是德国自然保护的先驱之一，正是他将自然保护的思想带给了普通的民众。作为动物学家，卫格德单独命名了5个鸟类亚种，与他人合作命名了7个鸟类亚种。另有大约6种鸟类和7种脊椎动物以他的名字命名，举例来讲：分布在吉林市松花江的隆脊异足猛水蚤的拉丁文名字为：Canthocamptus weigoldi；分布在四川洪雅瓦屋山的魏氏齿蟾

的拉丁文名称为：*Oreolalax weigoldi*；分布于甘肃、四川等地褐顶雀鹛四川亚种的拉丁文名为：*Schoeniparus brunnea weigoldi*。这些都是卫格德首次发现的，也是中国对世界物种多样性的贡献，在他的日记中有详细的发现过程的记录，弥足珍贵。卫格德1913年来中国进行探险旅行，1914年在映秀（Wassuland，毗邻现卧龙自然保护区）的猎户那里购得"竹熊"（Bambusbären）的皮，成为第一个在中国看到大熊猫的西方博物学家。卫格德记录了购买大熊猫皮的经过，以及饲养熊猫幼崽失败的过程，上述内容均附有极为珍贵的照片资料。

东亚地区对丰富博物学的内容方面有巨大的贡献。我期待中国的博物学家，能够将东西方博物学的知识融会贯通，写出真正的全球博物学著作。

2021 年 5 月 16 日
于北京外国语大学全球史研究院

目录

群居的个体主义者

鲱鱼发出的光绝对是无与伦比的美丽自然景象。这种景象每年都随着鲱鱼到北海和波罗的海近海海域产卵而重复出现。紧贴海面游动的巨大鲱鱼群强烈地反射着月光，以至于数海里宽的海面熠熠生辉，就像大海中将要诞生一颗新星。19世纪的时候，鲱鱼群往往还非常庞大，浅海湾地区的居民甚至白天也能看到它们到来。大海于是开始发光、闪烁，渔民们被耀得眼花缭乱，驾着船驶向汹涌的波涛。有时他们可以用抄网和双把木盆把鲱鱼从海里捞到鱼桶里，有时渔船甚至会被鱼群顶翻。大海似乎只由鲱鱼组成，起风的时候，海浪会把成千上万条鲱鱼冲上海岸。鉴于大自然恩赐了这么多鲱鱼，因此毫不奇怪的是，直至20世纪海洋财富都被认为是取之不竭的。大自然通过鲱鱼向人类展示了它无穷无尽的丰富物产。

因此，研究自然和文化史中鲱鱼证据的人最初会认为有数不清的史实和故事：很久以来，帝国和财富就建立在鲱鱼之上；如果鱼汛没来，帝国和财富就会衰落、消失。不论大英帝国，还是法国和普鲁士，如果没有鲱鱼，它们几乎不可能成为大型强国。在

捕捞鲱鱼

1555 年出版的奥劳斯·马格努斯所著《北欧民族史》中的木版插图

中世纪的时候，鲱鱼是用黄金和兽皮来交换的。汉萨同盟[1]的商人为了应对大量廉价竞争而颁布法律和商品标签，以保护他们咸鲱鱼的质量。他们用鲱鱼赚来的钱在北海和波罗的海沿岸建造了宏伟的砖石大教堂和市政厅。据说甚至连阿姆斯特丹也是在鲱鱼骨头上建成的。

中世纪化学和医学都用到鲱鱼，它作为药物和斋戒期间的食物受到重视。它在民间传说和童话中得到永生，在习俗和成语中得到颂扬。它被加冕为"鱼

1　Hanse，是德意志北部城市之间形成的商业、政治联盟。13 世纪逐渐形成，14 世纪达到兴盛，加盟城市最多达到 160 个。——译者注（本书所有脚注均为译者注，下略）

王"，并作为"大海中的银子"被交易。

在穷人的小屋里，在王侯的宴会上，甚至在克里姆林宫政治局的招待会上，鲱鱼都被端上桌面。因此，正如渔民用低地德语所说，鲱鱼成了"狡猾（plietsch）之鱼"。"plietsch"这个词源于"政治"（politisch）一词，有"狡猾、精明"的意思。

艺术也很早就关注鲱鱼，歌曲和诗句描绘了它的肖像。它出现在戏剧、小说和电影中，被画入油画，也被雕刻在铜版画中。莎士比亚和歌德，贝托尔特·布莱希特和海因里希·米勒，以及画家彼得·勃鲁盖尔[1]和卡斯帕·大卫·弗里德里希[2]都对它付出笔墨。

尽管鲱鱼在自然界数量巨大，而且也得到了丰富的艺术刻画，但它崛起为大西洋鳕鱼和青鳕鱼之外最重要的食用鱼，也和宗教的威严有关：中世纪的斋戒要求，加上盐腌过的鲱鱼和烟熏过的鲱鱼很好保存，使得奥劳斯·马格努斯[3]在大约1555年所著的《北欧民族史》中能够写下"几乎整个欧洲都吃鲱鱼"。可能恰恰因为鲱鱼传播甚广，很多人还一直认为它是缄默且顺从地和整个鱼群一起钻进渔网的大眼无聊分子，非常适合当作鱼肉面包的酸味鱼片或者新年沙拉中的小鱼块。

1　Pieter Bruegel，约 1525—1569，16 世纪尼德兰地区最伟大的画家。
2　Caspar David Friedrich，1774—1840，德国早期浪漫主义风景画家。
3　Olaus Magnus，瑞典教士。

而通过仔细观察会发现，它是一种既合群又熟悉世界的鱼。可能不是每个人都注意到这一点，因为就像所有真正的个体主义者那样，从表面上看它在这方面其实并不显眼。毕竟真正见解独特的人物穿着并不引人注目，他们更喜欢把自己的才华展现在思想和行动而非外衣上。它那朴实无华的优美永远胜过一切异国风情的斑斓色彩。

此外，由于受到水中、陆上和空中的追捕，它发展了几个世纪以来逃避捕猎者和一再避免自己灭绝的生存策略。只有足够聪明地在鱼群中积累经验的个体主义者才能有幸赢得这样具有世界历史意义的巨大胜利。

我伴随着鲱鱼长大。我的故乡是吕根岛上的萨斯尼茨，早在华伦斯坦时代它就是一个渔村，1945年后扩建成了波罗的海沿岸最重要的渔港之一，因为它必须向饥饿的民众和苏联红军供应海鱼。在我的童年时代，家人们还是在码头上迎接捕鱼归来的渔民，因此我最初的记忆也来自散发着轮船柴油、焦油和鲱鱼气味的萨斯尼茨港。1978年夏天我可以亲身登上26.5米长的渔轮前往北海开启我的首次捕鱼之旅。在"SAS多格浅滩"号和"SAS维京浅滩"号渔轮上度过的航海时间对我的一生产生了影响。我永远不会忘记看到满满的第一网鲱鱼出水时的景象，那就像

是一条银色的鲸从北海深处浮出水面。我也不会忘记巨浪涌起时，我们站在没膝的鲱鱼中不得不把这些收获物填装到摇晃的甲板下面盛着冰块的鱼桶里。之后，我的道路从萨斯尼茨港延伸到了柏林造船工人大街剧场。在那里，鲱鱼只出现在文学戏剧中。

当时我没有意识到，30年后我将再次"追捕"鲱鱼 —— 在档案中，在图书馆、港口、港口酒馆、鱼类加工厂和鲱鱼博物馆中。然后我才发现，这种看起来适应性如此之强的群居鱼类原来是令人捉摸不透的放纵的狂热分子。

鲱鱼来自哪儿

鱼对人类家庭的重要性通过"鲱鱼"
这一个词就足够清楚地表达出来。

布雷姆[1]《动物生活》

几乎每个人都吃过鲱鱼：鲱鱼卷、香草腌小鲱鱼、俾斯麦鲱鱼、煎鲱鱼或者西红柿汁鲱鱼罐头。在德国，被端上餐桌的鱼每4条中就有一条是鲱鱼。

我们盘子里的鱼排和鱼卷大部分来自北海、波罗的海或北大西洋。远洋拖网船或近海渔轮在那里用拖网或围网捕鱼，有些渔网大到可以装下一架大型喷气式客机。就像所有的食品生产一样，捕鱼业也在很大程度上被工业化并失去了自己的魅力。数小时拉网后屏住呼吸的时刻，预期收获惨淡的忐忑不安时刻，都因为现代化的水平和垂直回声探测器而成为过去。回声探测器能够通过超声波寻找轮船前面和下面水域中的鱼群，并对渔网位置进行相应的调整。尽管如此，当绞盘把渔网从深水中拉出来，捕获的鲱鱼在离开水面之际活蹦乱跳，数百只饥饿

1　Alfred Edmund Brehm，1829—1884，德国动物学家。

的海鸥环绕周围大声索要它们的那一部分时，这对任何一位渔夫来说依然是令人激动的景象。

如果想在东北大西洋跟踪鲱鱼，那么在英伦三岛西岸至格陵兰岛的水域以及在巴伦支海成功的概率最大。鲱鱼渔场往东延伸至丹麦、挪威和瑞典之间的斯卡格拉克海峡以及挪威北部海岸大陆架。在西北大西洋，鲱鱼渔场从弗吉尼亚海岸经圣劳伦斯河直至格陵兰岛南岸 —— 这是汉堡渔业和海洋生物学家曼弗雷德·克林克哈特（Manfred Klinkhardt）在其内容丰富的专题论著《大西洋鲱》中记录的。北美东海岸的乔治浅滩渔场富有传奇色彩，它属于世界上产量最大的渔场之一。巴斯克渔夫和葡萄牙渔夫早在15世纪就发现，在那里用篮子就能从海里捞出鳕鱼和鲱鱼，此事经过约翰·卡伯特[1]在1497年的报道而出名。朝圣的神父们最初在1620年来到该地区最重要的港口城市普罗温斯顿，当地居民1727年提议将其改名为赫灵顿[2]，却因为波士顿普通法院的异议而功败垂成。但鲱鱼湾海滩（Herring Cove Beach）、鲱鱼河（Herring River）和"鲱鱼池塘"[3]等地名至今仍让人想起当地海岸地区储量丰富的鲱鱼。

确定鲱鱼种类本身是一门科学。尽管俄罗斯北

1　John Cabot，1405—1499，意大利航海家。
2　Herrington，该词前半段"Herring"是鲱鱼的英文拼法。
3　Herring Pond，[戏谑语]海洋；（尤指）北大西洋。

"迎着太阳……"一群追逐阳光的美洲黍鲱
插图选自 1913 年出版于德国莱比锡的《我们的淡水鱼》

部的白海在地理上属于北大西洋，但那里的鲱鱼被
算作太平洋鲱鱼。大体上说，科学家认为鲱鱼有 55
个属，大约180种，其中50种是淡水鱼。他们没有
确切地弄清楚到底有多少种鲱鱼，原因在于鲱鱼不
知疲倦地往返于觅食地、产卵地和越冬地，这也给
它们带来了"海洋流浪汉"的称号。它们游过的距离
最远可达4000海里，有的还穿过淡水水域和咸水水
域。在大约2500万年前特提斯洋[1]还连通全球时，鲱

1　Thetysmeer，一个史前海洋。

鱼甚至可能是世界游荡者。但大陆漂移和气候变化导致大西洋鱼群和太平洋鱼群分离，冰期再次彻底改变了鲱鱼的群居场地。因此，鲱鱼作为世界主义者在长期的生存斗争中证明自己是幸存艺术家，它们学会了适应海洋盐含量的变化和温度的不停波动。因为鲱鱼在这么长的漫游路线上很快感到孤独且很容易成为贪婪强盗的猎物，所以它们即使有着明显的个体主义特征，但也很快决定过群居生活。因此它们很早就学会了在参与和拉开距离之间保持平衡。社会学家诺贝特·埃利亚斯[1]认为这种平衡是幸存下来的一个前提条件。

但鲱鱼在公海里是如何漫游的？自中世纪以来学者们就研究这个问题，当时他们开始猜测这种银色的上帝恩赐物是从哪里来的。因为鲱鱼似乎来自北极，所以人们猜测它们本来的家乡在北冰洋里。荷兰人哈德里安·朱尼厄斯（Hadrianus Junius）1588年在安特卫普出版的一篇文章中猜测，鲱鱼是从北极来到北海的。编年史作者和制图家威廉·卡姆登[2]也赞同这种观点。这导致了后来的"北极来源"理论，该理论认为大量鲱鱼群生活在北极冰盖下面，春天到南方产卵，然后在北大西洋分道扬镳，一部分游

1　Norbert Elias，1897—1990，德国著名社会学家。
2　William Camden，1551—1623，英国人。

向冰岛和格陵兰岛，一部分游向北海和波罗的海。这也解释了为什么鱼群在不同时间出现在它们的产卵地。今天的研究认为，越冬地、产卵地和鲱鱼群在其古老路线上追逐的觅食地构成了一个漫游三角。春天海水变暖以及由此导致鲱鱼喜欢产卵的平坦海岸水域的浮游生物增多触发了它们的漫游。

尽管科学家通过标记实验证明相对大量的鲱鱼的确一再返回它们的出生地，但不是所有鲱鱼都被证明是这样的。在19世纪给鲱鱼做标记的尝试因为它们高度敏感而失败后，科学家直到1950年后才成功跟踪并分析了鲱鱼的漫游路线。

鲱鱼群在漫游过程中最大下潜深度可达300米，夜间则浮上水面追逐它们最重要的猎物——在海洋中大面积浮动的微小的虾蟹和鱼类幼体。如果缺少这些东西，鲱鱼也吃微小的藻类和海草等素食。遇上从海水深处上浮的鲱鱼群对任何一个潜水者来说都是难忘的经历。闪耀着银蓝色微光的鲱鱼群突然就像凭空而来，它们遇到黑色的闯入者后迅速散开，然后在远处再次迅速集合并继续前进。因此，鲱鱼不仅是非常合群的，而且也是非常美丽的一种鱼。遗憾的是，大多数人只知道熏烤过的、煎炸过的或腌制过的鲱鱼，那早就和美丽不相干了。但在水下，它们修长的身子根据阳光射入的不同强度和角度而发出明亮的蓝色直至紫色的光。有时人们甚至能看

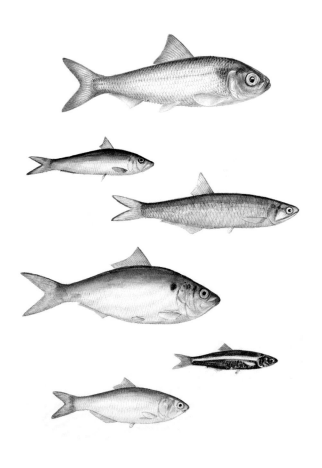

远亲：美国灰鲱鱼、热带鲱鱼、日本鳀、巴西油鲱、阿根廷小鳀、大西洋鲸鳀

雅克·布克哈特（Jacques Burkhardt）1865 年至 1866 年所画

到金黄色的闪光。它们的脊背闪出祖母绿直至深绿的光，那使得海鸟很难在水下发现它们。觉得波罗的海太凉的人可以到施特拉尔松水族馆看看，那里有数千条鲱鱼组成的鱼群安静地转圈游弋。或者读读 W.G.泽巴尔德[1]所写的《土星光环》，有关鲱鱼的那一章对这种色彩变幻做了令人印象深刻的描述："它们身体两侧和腹部的每一个鳞片都闪耀着橘黄或金黄色调的光，但整体上却闪着纯白的金属光芒。对着光看，它们的身体后部显现出在别的地方从未见过的漂亮的深绿色。"

古老的字典提供了一个专门的词汇去命名鲱鱼群的这种美丽："鲱鱼景观"（Heringsblick），它用来指称"鲱鱼成群游动时发出的闪光"。在很多人的观念里，鲱鱼只是意味着一大群鱼，这也支持了格林兄弟的一个看法："鲱鱼"（Hering）这个词是仿照"军队"（Heer）这个词构造的。

但鲱鱼不只从外部看令人印象深刻，观察鲱鱼群内部也让人感到惊讶。在这个社会系统里，鲱鱼在数百万年的生存历程中也发展出了自己的交流结构，而且是以声音的形式。不仅鲸能发出并感知声音，早在20世纪60年代，鱼类学家就在吕根岛和希登塞

1　Winfried Georg Maximilian Sebald，1944—2001，当今最有影响的德国作家之一。

岛之间的鲱鱼群周围记录下了每当鱼群集合或者受到潜水者打扰时发出的声音。鲱鱼在水下用鱼鳔最远传播10米的这种声音是人类耳朵也能听到的。渔夫称之为"鲱鱼屁"。本·威尔逊、罗伯特·巴蒂和劳伦斯·迪尔是研究这些声音的首批科学家，他们确定大多数信号的频率在1.7千赫至2.2千赫，且最长持续8秒时间。海洋生物学家芒努斯·瓦尔贝里和霍坎·韦斯特贝里1993年受瑞典海军委托进行的研究甚至被归类为"秘密"，以避免让后者丢脸。瑞典海军领导机构多年来自以为追踪到了苏联的核潜艇，认为可疑的水下声音是它们发出来的。最后却发现那只是"鲱鱼屁"。因此，鱼的夜歌不只是对晨星的幻想。

鲱鱼群在世界海洋漫游过程中受到很多饥饿的海洋动物追捕：从狮鬃水母到鼠鲨，从鳕鱼到座头鲸。鲱鱼通过被科学家称为"结盟"的特殊鱼群行为逃脱它们。这个概念描述了鲱鱼遭到捕猎者攻击后又迅速集合成群的能力，做法是每条鱼都根据周围伙伴的游动方向调整自己并快速跟上它们。鲱鱼之所以能够做到这一点，要归功于鳞片上高度敏感的传感器网络，它能够感知最微小的震动并将其转化为报警信号。那也使得快速改变方向迷惑追捕者成为可能。在此期间，虎鲸、海豚和小黑背鸥也了解了这一点，因此结成了追捕大队。尽管如此，它们在几

　　"要么谁也不要，要么就是全部！"鲱鱼在集体中也很重
视细微差别。威廉·艾根纳 [1] 所画大西洋鲱鱼
插图选自 1970 年出版的《格日梅克 [2] 的动物生活》

1　Wilhelm Eigener，1904—1982，德国动物插画家。
2　Bernhard Grzimek，贝恩哈德·格日梅克，1909—1987，德国动物学家。

1670 年出版的康拉德·格斯纳《鱼类词典·鲱鱼》中的木版画

百年里都没能严重威胁鲱鱼的数量。水母和肉食鱼类主要依赖鱼仔和小鱼，而鲸则通过完美的气泡技术追捕整个鱼群。这种技术在英语里被称为"水泡网捕猎法"。多达12头鲸联合起来用气泡帷幕包围住它们发现的鲱鱼群。鲱鱼陷入恐慌，仓皇地到处乱游，因为它们无法冲破封闭的气泡网。鲸们然后发出一个信号，张开血盆大口冲向被包围的鱼群。一头座头鲸一口气能够吞下几千条鲱鱼。这是一个壮观的场景 —— 对于鲸观察者来说，而不是对于鲱鱼来说。因为即便最聪明的群体智慧也无济于事。但就算上百头鲸在世界海洋中巡游，鲱鱼的数量也没有受到影响，鲱鱼依然保持了自己体现海洋多产的象征力。

　　因此，直至19世纪末鲱鱼仍旧以数十万条、有时以数百万条的规模结队在世界海洋中漫游。在20

世纪初期，有的鱼群宽度最多能达到6公里，长度最多达到15公里。儒勒·米什莱[1]在他的大型简编《海洋》中热情地写道："人们可能会认为在苏格兰、荷兰和挪威之间冒出了一座巨大的岛屿。似乎潮水中升起了一整片大陆……数十亿，数万亿，谁敢估计这些鲱鱼军团的数量？……人，鱼，一切都冲向它们，但它们继续前进。在这个没有固定联系的世界里，它们的消遣是冒险，它们的爱情是旅行。它们在自己的行进队伍中泼溅出了真正多产的洪流。"

这种传奇性的多产意味着什么？科学界区分了春季产卵鱼和秋季产卵鱼，春季产卵鱼喜欢波罗的海平坦的海岸水域，秋季产卵鱼喜欢北海的深水产卵地。雌鲱鱼产下2万至5万个鱼卵附着在海藻和海底岩石上。雄鲱鱼紧接着游过该区域并排出精液——"鱼白"。它们没有时间做爱。它们也不懂哺育之事。在胚胎发育两周后小幼仔就必须自己渡过难关。因为那时卵黄囊变空了，那意味着：要么游泳，要么死去！小鲱鱼从海底游上来，追逐浮游生物，同时自己受到追捕。鲱鱼像鲸那样进食，只是没有鲸须。它们张开嘴巴用鳃过滤浮游生物和微小海藻。

在这段没有父母也没有加入鱼群的孤独时间里，

1　Jules Michelet，1798—1874，法国历史学家。

它们必须学会生存。小鱼仔有两个月时间长好鱼鳍和鳞片并组成鱼群。在这60天里，它们依靠自己学到了独处的优点和缺点。我们不知道在这1440个小时里它们体内发生了什么，但我们后来看到，鲱鱼仔长到大约15厘米长的时候就长好了鱼鳍和鳞片，最终在外观上定型。它们在鱼群中终生保持一定距离，即便在最危险和最富艺术性地游动的时刻。瓦尔特·本雅明在他的格言警句集《单行道》中写道："有一件事情是绝对无法再去尝试的：没有从父母身边逃走过一次。幸福生活的精华就像过滤过一样全都来自那些年中整日整夜的户外生活。"[1]这包含着鲱鱼生命奇迹中的一个奇迹：它们能够作为个体主义者存在于集体之中。它们如何做到这一点同时又没有失去自己的特点，依然是它们令人捉摸不透的秘密。

它们坚定不移地走大自然给它们规定的路线。但与此同时，在似乎无边无际的覆盖我们这个星球的海洋中，它们是自由的。它们拥有黑格尔认为源于

1　引自译林出版社2012年出版的王涌译瓦尔特·本雅明《单行道》第9页。这段话全文是"就像在单杠上做大回环那样，每个人年轻时都亲手转动过迟早总会中头彩的抽彩轮盘，因为只有在15岁时意识到或尝试过的事情才会在将来有一天成为我们精神的兴奋点所在。因此，有一件事情是绝对无法再去尝试的：没有从父母身边逃走过一次。幸福生活的精华就像过滤一样全都来自那些年中整日整夜的户外生活。"瓦尔特·本雅明，1892—1940，德国思想家、哲学家和马克思主义文学评论家。

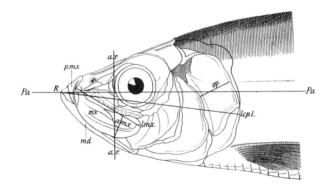

测量鲱鱼

插图来自弗里德里希·海因克[1]1898 年所著《鲱鱼博物志》

1　Friedrich Heincke，1852—1929，德国生物学家。

对必要性的认识的自由。鲱鱼是黑格尔派，它们在
鱼群中追求世界精神，同时作为世界漫游者追求自
由精神。只有显著的个体主义者才能成功地展示这
种特技。

具有历史意义的鲱鱼

> 鲱鱼是品酒家；海洋是它的葡萄酒；
> 这种酒它永远喝不醉。

弗里德里希·冯·罗高[1] 《格言诗》

鲱鱼是世界主义者，即便它在欧洲扮演了比在美洲、亚洲或非洲更重要的角色。这种共同书写了那么多历史的鱼既在冒险故事和编年史中，也在账簿和保险单中留下了自己的痕迹。但是，为了兑换到现钱，必须先把鲱鱼从海洋中捞出来并使它能够保存和交易。因此，鲱鱼的胜利尤其"借助"了历史性的捕鱼和加工技术，这些技术有的至今还保留着。

造船技术的提高导致早在新石器时代人类就从海岸捕鱼转向海洋捕鱼，越来越多的出土鱼骨说明了这一点。食物变得更丰盛更好吃，因为吃鲱鱼比吃猛犸象更健康。

老普林尼[2]，是首位提到竖立在北海海岸且一直使用到19世纪的芦苇编织网的古代编年史学家，他在公元50年前后所著的《自然史》对此有所记录。德国

1　Friedrich von Logau，1605—1655，德国诗人。
2　Gaius Plinius Secundus，公元23年（一说公元24年）—公元79年，世称老普林尼，与其养子小普林尼相区别，古罗马学者。

石勒苏益格－荷尔斯泰因州卡尔佩恩镇的鲱鱼鱼梁[1]是欧洲最古老和保留至今的此类设施。它有500多年历史，春天捕鱼季还能一直用它捕到鲱鱼。该镇曾经因缺乏资金要拆除它，今天人们庆幸市容市貌里还有这个持久的鲱鱼"代表处"，并通过举办卡尔佩恩鲱鱼节来庆祝它。节日期间，市民和客人参与"赌鲱鱼"活动，也就是在捕鱼后估计网内鲱鱼的重量。估计最准的人会被加冕为"鲱鱼王"。从德国黑灵斯多夫岛到丹麦赫尔辛格的波罗的海沿岸地区和从德国埃姆登到英国福斯湾的北海沿岸地区都有这样的鲱鱼节。在丹麦和苏格兰的考古发掘中也发现了欧洲早期的渔网。

　　一旦被捞上陆地，鲱鱼就可以通过一条横穿欧洲的白色痕迹被跟踪：这条痕迹是盐和用盐一再新发明出来的保存方法。要想把鱼变成大宗商品，就必须使它能够保存。历史上鲱鱼变得重要的所有地方也会在某个时刻出现特殊的腌制方法。

　　中世纪早期对鲱鱼的首次文献记载是在英格兰发现的。709年它出现在伊夫舍姆修道院的账簿中。因为伊夫舍姆位于英格兰内陆，所以这个时期盐腌保存法肯定早就为人们所熟悉。在波罗的海地区，盐

1　鱼梁是用木桩、柴枝或编网等制成篱笆或栅栏，置于河流、潮水河中或出海口处的捕鱼设施。

忧郁的鲱鱼。时代精神也进入了动物插画书中
伦敦 1794 年出版的《食用鱼的历史》

腌保存法的发明要归功于奥托·冯·班贝格（Otto
von Bamberg）主教。他作为波莫瑞地区的传教士在
1125 年前后对鲱鱼的重要性有了很多了解。荷兰人
则把发明海上盐腌法归功于佛兰德地区比尔弗利特
市的威廉·波克尔斯宗（Willem Beukelsz）。波克尔斯
宗在荷兰富有传奇色彩，据说他是一条渔船上的舵
手，也是使用割喉处理法（Kehlschnitt）和腌制法的
首位渔夫。因此，比尔弗利特市圣尼古拉斯教堂的
波克尔斯宗墓碑上装饰着两把交叉的鱼刀，心怀感
激的商贩根据波克尔斯宗这个词的变体 "Beukeling"
把熏鲱鱼叫作 "Bueckling"。据说甚至卡尔五世皇帝
还参观了他的墓地，并在满怀敬畏之情的民众面前
吃了一条熏鲱鱼。

　　鲱鱼升格为基本食物，是随着欧洲大陆的不断

基督化而实现的。因为毕竟天主教信徒们一年内有140多天需要斋戒。即便这项义务在短缺经济时代完全会导致营养不良，但教会也不考虑放松斋戒要求。教皇亚历山大三世更愿意取消周日工作禁令，那样一来渔夫就能驾着驳船去捕鱼。斋戒和工作，对此根本不需要任何基督新教的伦理。

英国鲱鱼捕鱼业中心是诺福克郡东部海岸的雅茅斯，自647年以来那里就有一座教堂，里面供奉着渔民的保护神圣尼古拉斯。卡努特大帝(Knut der Grosse) 1016年颁发的一份采邑证书（Lehensurkunde）提到此地是产量丰富的鲱鱼产地。同年，这位诺曼国王也加冕为英国国王。他把耶尔河河口的这个捕鱼和贸易城市分封给了大臣图尔克鲁斯。在征服者威廉一世的统治下，雅茅斯成为欧洲的鲱鱼大都市，这里举办的雅茅斯鲱鱼交易会直至13世纪都是欧洲最大的鲱鱼交易会，持续时间长达40天。

1086年编制的《末日审判书》也提到了雅茅斯的渔民。这本由征服者威廉一世在剥夺了贵族权力后编制的土地清册，确定了直至末日审判都应该有效的新土地占有关系。因此更令人惊讶的是，这份创造私有财产的最初文件却没有把渔场包括在内。完全相反，威廉一世的后继者爱德华一世在1295年颁布的一项法令允许外国渔民在鲱鱼捕获季到英国沿海捕鱼。随后他们的渔船数量增加到了英国本国渔

船数量的100倍。鲱鱼依然代表着充裕，陆地上的淘汰制对它不适用。显然有足够多的鲱鱼供所有人食用，因为在1336年左右就有5000多吨鲱鱼被送上岸加工。

鲱鱼不仅自己是世界主义者，它也导致一大群世界主义的渔民进入它漫游的水域。这些形形色色的海上捕鱼船队即便在中世纪也司空见惯。1383年编著的《迪耶普大事记》记载了一份条约，法国国王路易十一[1]在条约中承诺允许荷兰、布拉班特和佛兰德渔民在法国海岸不受干扰地捕鱼。

虽然捕鱼权直到12世纪都是公共权利，只有沿海居民有一些特权；但随着封邑制度的发展，池塘、河流和海滩也日益被视为地主的财产，可以和捕鱼许可一起出租。那迅速导致与沿海原住居民发生冲突，尤其当这些权利被转移给修道院后，修道院就可以对捕鱼业征收什一税并因此损害了渔民对海滩的使用权。为了在这种情况下生存下去，吕根岛和希腊的渔民结成"公社"（Kommuene）或"团队"（Matschappien），它们直至20世纪还存在。埃贡·艾尔温·基希[2]1926年还访问过一个这样的渔民公社，他发现："没有哪儿的捕鱼技术像波莫瑞海岸那样落

1　Louis XI，1423—1483，因此怀疑此处原文有误。
2　Egon Erwin Kisch，1885—1948，捷克新闻记者、报告文学家，曾写过报告文学集《秘密的中国》。

淡水中的亲戚。哈德孙河和密西西比河之间大湖中的两条鲥鱼，瓦尔特·A. 韦伯[1] 画

插图选自 1952 年出版的约翰·奥利弗·拉格尔斯[2] 所著《鱼类之书》

1　Walter A. Weber，1906—1979，美国动物艺术家和插图画家。

2　John Oliver La Gorce，1880—1959，美国作家和探险家。

WALTER A WEBER

后，最落后的是吕根岛上的人。自中世纪以来，他们就用同样的方式干活。"

随着鲱鱼日益变成商品和财富的保障，围绕它的争端也开始了。统治者颁发安全通行证，以税收的形式获得捕鱼收益。他们还派出渔业检查官，监督精确确定的鱼桶规格和容量以及盐和鱼的质量，并确保新鲜鲱鱼没被掺入不同质量的鱼。

当时这在德国似乎是经常发生的事情，因为德国诗人塞巴斯蒂安·布兰特1494年还在他的《愚人船》中用诗句抱怨"造假和欺骗"：

> 现在人们在金子里掺铜，
>
> 在胡椒里掺老鼠屎，
>
> 在好鱼里掺臭鱼，
>
> 然后把它们都当好东西售卖。

即便汉萨同盟做了严格控制，但显然也没能在遥远的巴塞尔[1]产生作用。质量差和个头小的鲱鱼被放到鱼桶下面，大个的最好的被放到上面，昂贵的盐往往被掺上灰土和沙子。

在1337年斯科讷[2]鲱鱼博览会上，人们抱怨丹麦鱼桶偏小之后，"罗斯托克标准"出现了，它对鱼桶

1　Basel，瑞士城市。
2　Schonen，位于瑞典南部斯堪的那维亚半岛最南端。

规格做了有约束力的规定。在1469年的汉萨同盟大会上，吕贝克和罗斯托克就一个计量单位达成一致。这个计量单位可用名为"鲱鱼量器"的器皿进行检测。8个"鲱鱼量器"装满后容量为119升，相当于一个汉萨同盟的鲱鱼桶。由此浇铸的青铜"鲱鱼量器"今天还能在吕贝克博物馆作为圣安嫩文化历史的遗物看到。

"控制鲱鱼和盐意味着控制北欧经济"，马克·科尔兰斯基[1]在其关于盐的贸易史的著作中写道。毫不奇怪，鲱鱼成为争夺的对象，在法英战争中甚至还决定了1429年12月12日的一场战斗的结果。在奥尔良遭包围期间，贝德福德公爵计划把一个车队从巴黎送到该市郊区的野战营地，那里已经饥困交加。英国人用鲱鱼桶装满了500辆车，由约翰·福斯塔夫爵士保护前往奥尔良。在图尔和普瓦捷之间的鲁夫赖战场上，车队遭到法国军队攻击，贝德福德公爵下令组成车队堡垒，英国军队除了箭和矛外还应该向法国人投掷鲱鱼，直到把他们打跑。遗憾的是，莎士比亚在他的《亨利五世》中并没有写这一幕。或许他担心伦敦环球剧场的观众可能有一天在观看糟糕的演出时会记起这一幕。尽管如此，这场鲱鱼战完全值得书写一幕。例如这样：

1　Mark Kurlansky，1948—　　，美国记者和作家。

[通往奥尔良的道路上。贝德福德公爵和福斯塔夫爵士带着士兵出场。]

贝德福德公爵: 你们从巴黎到鲁夫赖走了那么长时间，约翰爵士。是什么耽误了你们？

福斯塔夫爵士: 是鲱鱼，公爵先生。

贝德福德公爵: 什么，鲱鱼？

福斯塔夫爵士: 500 车。莫蒂默伯爵肯定需要用它们解决奥尔良市郊部队的饥饿问题，同时让士兵们口干舌燥，以迫使他们非得攻下奥尔良得到该市的葡萄酒不可。

贝德福德公爵: 咸鲱鱼。

福斯塔夫爵士: 是，一个宏大的计划，希望它能成功，因为我也口渴了。

贝德福德公爵: 拿葡萄酒来。

[侍者拿来葡萄酒]

福斯塔夫爵士: 为您干杯，贝德福德公爵，也为这些"咸"盟友！整个巴黎都在谈论的那个女孩是谁？

贝德福德公爵: 奥尔良少女？一些人说她是圣女，一些人说她是女巫。

福斯塔夫爵士: 只要她不是渔妇就行……

[士兵]

士兵: 大人，法国人发动进攻了！他们快速接近我们的车队。

贝德福德公爵: 上马，约翰爵士！为胜利举起酒杯！

福斯塔夫爵士: 别让鲱鱼落入法国人的煎锅！

[幕布后面是战斗的噪声和嘈杂声。有人喊: 往这儿扔鲱鱼！他们正在逃跑，他们正在逃跑！两名士兵打斗着走过舞台，舞台上方升降布景的横梁上掉下一条鲱鱼。贝德福德公爵和福斯塔夫爵士返回舞台。]

贝德福德公爵: 把鲱鱼再弄到桶里，福斯塔夫爵士。或者我们也可以用它们占领奥尔良，尽管那里有个少女。

福斯塔夫爵士: 是，大人。[举起鲱鱼]劳驾，鲱鱼，你当然是英雄。我们人类的世界往往很滑稽。

往东很远的地方，在790年至1066年，海特哈布[1]成为日德兰半岛东海岸的维京人大型贸易重镇，它的重要性也是拜鲱鱼所赐。维京人知道海盐保存法，

1　Haithabu，中世纪时期北欧的贸易重镇，位置在现在的德国北部，日德兰半岛的南端，离汉堡比较近。

咸鲱鱼和鳕鱼干是他们龙船上的口粮。为了获得这种白金，他们甚至袭击比斯开湾[1]并把法国的盐场洗劫一空。他们就这样抢掠从格陵兰岛至俄罗斯之间的海岸，直至无情者哈拉尔[2]摧毁海特哈布和征服者威廉一世登上英国王位。在中世纪的挪威，鲱鱼甚至进入了《国王垂训》。这本13世纪编写的大型历史教科书除了描写皇室世界，还描写了外国奇观、海洋和壮观的鲱鱼漫游队伍。"当冬天快要结束时，它们进入近海水域，就像克服了忧愁后那样快乐地一起漫游。"但书中也提到了非常危险的情形，鲸潜伏在狭湾里，把鱼群赶往同伴的血盆大口和渔夫的渔网里。自1143年吕贝克建城至1469年在该市召开最后一次汉萨同盟大会，这段时间是汉萨同盟鲱鱼交易的繁荣时期。随着吕贝克的崛起，斯科讷的鲱鱼市场开始发展起来。瑞典南部海岸渔场、加工场和吕讷堡[3]盐场之间的快捷道路与古老的贸易通道相连，使特拉维河畔的这座城市成为欧洲的鲱鱼出口中心。在汉萨同盟城市15世纪中期的辉煌时期，它们的船队有4万条船，船员有30万，贸易办事处远达冰岛和意大利。因此，对汉萨同盟这样的贸易联盟来说，自由航行和自由销售市场构成了基本前提

1　Biskaya，位于北大西洋东北部，东临法国，南靠西班牙。

2　Harald der Harte，11世纪挪威的国王，1046—1066年在位。

3　Lueneburg，德国北部城市，在汉堡东南35公里处。

条件。当丹麦女王玛格丽特一世在占领瑞典大部分地区后也打算占领斯德哥尔摩并为此包围和封锁该城市时，汉萨城市罗斯托克和维斯马就和声名狼藉的商人——"运粮兄弟"（Vitalienbruedern）——缔结了协议。这些海盗要把食品偷运到斯德哥尔摩，作为交换，他们有权抢劫。他们的一个头目是克劳斯·斯托尔特贝克。

在传说中，这位富有传奇色彩的自由抢掠者及其手下往往和黄金联系在一起，而不是和"大海中的银子"联系在一起。但他们的船上肯定也有鲱鱼桶。这个时代的食物清单上除了面包、豆子和牛肉外，还有咸鲱鱼——每人近7公斤。此外还有几升啤酒，因为咸鲱鱼让人口渴。

当汉萨城市的统治者想再次摆脱并打击这些海盗时，"运粮兄弟"最终也把矛头指向了前雇主们的单桅高舷帆船。他们发现那些船的甲板下除了谷物和啤酒，还有一些咸鲱鱼。因为海盗依赖汉萨城市对面的安全存放地，所以他们必须和维斯马至格赖夫斯瓦尔德之间的海岸渔民及农民搞好关系。因此他们可能经常慷慨地发放啤酒和鲱鱼，他们也"喜欢分享"，这使他们获得了第二个称号"分享者"，也使他们获得了早期海上社会主义者的名声。

鲱鱼成为除谷物和木材之外最重要的汉萨同盟出口商品，"大海中的银子"变成了吕贝克、罗斯托克、

格奥尔格·弗莱格尔[1]的鲱鱼和石壶静物画

施特拉尔松和维斯马箱子里的金币。但有些年份的春天没有出现鱼汛，鲱鱼就会漫游到其他海岸。例如16世纪初期在斯科讷就发生了这样的事情，并宣告了汉萨同盟的衰落。

今天，科学界认为主要是"小冰期"的开始导致了鲱鱼改变漫游路线。捕鱼量的减少加剧了汉萨城市的财政和政治困难。当鲱鱼变得稀少，人们就变得紧张并磨刀霍霍。如果说以前就发生过武力冲突，

1　Georg Flegel，1566—1638，德国静物画家。

例如1463年德国渔民和丹麦渔民在德拉厄[1]发生了争夺鲱鱼的战斗，那么现在汉萨同盟的权威日益削弱后，血腥的武装冲突就司空见惯。人们到异地水域追踪减少的鱼群，毫不留情地剪毁渔网。英国渔夫的船只被攻占，汉萨同盟总督们捆绑了他们的手脚，把他们扔下渔船。但即便如此，鲱鱼也没有回来。捕鱼场地转移到北海的卡特加特海峡和多格浅滩之间区域，最终越过大西洋到了新大陆。

这样一来，16世纪就开始了荷兰鲱鱼捕捞业的伟大时代 —— "de Groote Visscherij"[2]，标志着从海岸捕鱼到公海捕鱼的过渡。

通过在霍伦造船厂建造大型鲱鱼船，荷兰人能够投入更多人手和新型拖网。如果以前的小船最多只能容纳5名渔夫，那么新型大船最多能容纳15人，并能到远达奥克尼群岛[3]的地方追逐鱼群。拖网也被接合成数百米长的大网，从船头撒入大海，之后顺着风拉网。大船有很多小船伴行，它们能把捕获的鲱鱼快速运往吕贝克和汉堡的市场。

1630年前后，北海上有500多条大船在捕鱼，船员加起来有近1万人。它们让阿姆斯特丹的账簿充实

1　Dragoer，丹麦首都哥本哈根以南。
2　荷兰语，"伟大的渔业"。
3　Orkney，在苏格兰北方海岸以外32公里处，由梅恩兰、霍伊，南、北罗纳德赛和巴雷等70多个岛屿组成。

起来。当时近50万荷兰人靠捕捞鲱鱼生活：渔民和船主，造船主和织网工，箍桶匠和盐商，商人和银行家，甚至艺术家。他们在饭前祈祷时不仅感激地盯着盘子，也在感念与鲱鱼共存时充满艺术气息的宁静生活。鲱鱼供他们食用并给他们带来幸福。这时期出现了一句谚语：华丽的阿姆斯特丹建立在鲱鱼骨头之上。

因为荷兰人也在英格兰海岸和苏格兰海岸撒网，英国王室认为有必要做出反应。虽然海因里希七世1449年修改了前任爱德华一世颁布的也承认外国渔民捕鱼权的谕令，但荷兰人日益增长的财富引起了伦敦的不满。沃尔特·雷利（Walter Raleigh）爵士在1603年就抱怨说，荷兰捕鱼致使女王每年失去大量财富。这位伟大的航海家显然想借此为组建船队和发展弗吉尼亚殖民地捞点好处，但他在伊丽莎白一世死后失宠，在伦敦塔里被关了13年。他在那里有足够时间写他的《世界史》，其中也赞扬了鲱鱼的重要性。

伊丽莎白的后继者詹姆斯一世及其不幸的儿子查尔斯认识到了沃尔特·雷利的抱怨是有道理的，于是开始在北海上发动打击荷兰人的首次"鲱鱼战争"。随着30年战争结束和1648年《明斯特和约》签署后尼德兰共和国7省代表大会制度的建立，欧洲大陆虽然又实现了和平，但在海上却没有。饥饿迫使失业的

雇农和雇佣兵登上海盗船，他们袭击荷兰人的小船和大船并抢夺捕获的成果。因此，渔民们不仅要和帆布及拖网打交道，而且还要对付砍刀和火枪。有些渔船甚至配备了大炮，用尽弹药去保护最后一条鲱鱼。

17世纪初的时候，荷兰大渔船的数量增加到1000多艘，它们既有强大的捕鱼能力，也是一支战斗力强大的舰队。因此，奥利弗·克伦威尔（Oliver Cromwell）继续进行英国的鲱鱼战争，并在1651年颁布了航海法案，那导致了英国和荷兰之间的海战。在战争高潮阶段，荷兰尽管有护航和武装措施，但仍在苏格兰海岸失去100艘大渔船。第二次战争发生在1703年，当时法国海军利用西班牙的继位战争击沉了可恶的竞争对手400多艘船。1713年《乌特勒支合约》签署后，在北海捕鱼的荷兰大船就不足200艘了。尤其苏格兰和英格兰渔民从中受益，他们仿制法国人的快船，因此在18世纪末期的雅茅斯大捕鱼时代又没掉队。

战胜拿破仑后，英国人日益成为海上世界霸主。获得这一地位也有赖于英国皇家海军畅通无阻的补给网。据英国皇家海军自己说，他们主要用英格兰和苏格兰鲱鱼船队的收获解决饥饿问题。最远被运至加勒比殖民地港口的鲱鱼属于帝国的基础物资，以至于英国议会花大量时间讨论"鲱鱼王"，自1797

年以后还下令撰写详细探讨英国鲱鱼捕鱼业的《议会报告》。

　　英国讽刺漫画杂志《笨拙》的作者们因此讥讽英国是"鲱鱼帝国"。法国作家大仲马1873年编写的《美食词典》中记录了一件有趣的逸事，描述了英国商会在法国大革命和教皇庇护七世被囚之后讨论英国鲱鱼捕捞业的状况："也许意大利现在成了基督新教的"，一个人喊道。"老天帮我们的忙吧！"另一个人惊愕地回应说。第一个人问："为什么？您担心基督新教教徒的数量会增加？"第二个人回答："不是担心这一点。但如果没有了天主教徒，我们把鲱鱼卖给谁？"他的担忧不是没有道理的。即便在20世纪欧洲的成就和灾难中鲱鱼也占有不可忽视的分量。

捕捞鲱鱼的人

北海中的鲱鱼？阿莎芬堡的鹦鹉？谁
是完全自由的？

约阿希姆·林格尔纳茨[1]《逃跑》

我本人与鲱鱼的最初接触是在吕根岛的萨斯尼茨。1906年，一个乡村和一个渔村合并成了一个县，直到1957年才拥有城市法，于是我的家乡变成了一个港口城市。但早在1889年萨斯尼茨就通过修建了防波堤而成为喀琅施塔得[2]和哥本哈根之间最安全的渔港。当时捕捞鲱鱼主要是近海捕捞，使用的是小船、固定捕鱼网和鱼梁，捕获的鲱鱼用手推车运往贝尔根，后来用火车运往施特拉尔松售卖。在我的童年时代，有一次一个渔民带着我去检查鱼梁，于是我知道了鱼梁和固定捕鱼网的区别。鱼梁由迷宫式的隔间系统组成，鲱鱼进去后就出不来了。过去，设置鱼梁的地方往往用一把巨大的旧扫帚做标记。如果看起来收获颇丰，鱼梁的隔间就被堵死，然后用抄网捞光。而固定捕鱼网却是用木桩固定在海底，

1　Joachim Ringelnatz，1883—1934，德国作家和画家。

2　Kronstadt，俄罗斯重要军港，在芬兰湾东端科特林岛，向东距圣彼得堡 29 公里。

家族相册 I。从上往下：鲱鱼、黍鲱、美洲黍鲱和欧洲沙丁鱼
图片选自 1796 年柏林出版的《鱼类学或鱼类博物志》

鲱鱼会被网眼缠住头和鳃，之后必须由妇女在海滩上费力摘下。从环保角度看，这种捕鱼方式确实是可持续的。但设置鱼梁是费时费劲的工作，因为必须驾船把木桩楔入海底并布网。不来梅北海捕鱼公司的船队早在1900年前后就驾驶着机帆布船到公海捕鱼，而吕根岛和希登塞岛的渔船此时还只能靠风力和人力驱动。这样一来，它们毕竟靠自己的力量度过了1929年世界经济危机的阴霾。这次经济危机的后果是，旨在通过增加鱼类消费弥补肉类短缺的"帝国鱼周"被激活了。第三帝国粮食与农业部的海鱼宣传委员会除了资助招贴画宣传和烹饪比赛，甚至还资助拍摄旨在帮助妇女把鳕鱼和鲱鱼做得更好吃的电影。对我的萨斯尼茨先辈们来说这是挥霍金钱，因为不论鲱鱼做得好吃不好吃，他们都必须吃。

　　萨斯尼茨人无法在港口售卖或无法运往施特拉尔松售卖的鲱鱼，会被装到桶里运往斯德丁[1]鲱鱼交易所。斯德丁在第一次世界大战后成为波罗的海最重要的鲱鱼中转站。技术力量的确可以有效地大规模减少以前被视为取之不尽的鲱鱼。因为人类在第一次世界大战的灾难中把这种技术力量用到了自己身上，所以鲱鱼有了4年休养生息的时间。战争对鲱

1　德语称"Stettin"，译为斯德丁，波兰语称"Szczecin"，译为什切青，是波兰西波美拉尼亚省的首府，历史上被波兰、瑞典、丹麦、普鲁士和德国先后统治。第二次世界大战以后，该市划归波兰。

鱼意味着禁捕期，所以1919年至1939年的鲱鱼产量非常高。萨斯尼茨的渔民也能够给他们的渔船安装上小型马达，可以装载比以前更多的鲱鱼。尽管如此，1938年的时候梅克伦堡-波莫瑞海岸的捕鱼量还不足整个德国鲱鱼产量的2%。

但那不影响萨斯尼茨人的幽默。在我小时候，站在"哈德万"鱼铺柜台后面的老板娘伊尔玛喜欢讲学徒菲特的笑话。菲特走进鱼铺说："我想要一条头小尾大的鲱鱼。"老板娘问："为什么？"菲特回答："因为师傅总是吃中段，帮工吃鱼头，我吃鱼尾！"甚至1933年后萨斯尼茨还有一个机智的鲱鱼笑话。我母亲记起了渔夫施蒂贝尔·科赫，他用手推车推着新鲜鲱鱼穿过城市并大声喊着："鲱鱼，鲱鱼，就像赫尔曼·戈林[1]那么胖。"这给他带来麻烦，纳粹党地方组织约见了他，他必须保证不再用帝国元帅为自己的鲱鱼做宣传。因此他后来推着鲱鱼穿过城市时喊道："鲱鱼，鲱鱼，还像两天前那么胖，我却不能再那么唱。"

当千年帝国也在波罗的海覆灭后，萨斯尼茨港变成了废墟，捕鱼业必须重建。苏联军事当局在1946年1月发出一道命令，要求渔民有义务保障居民和红

1　Hermann Goering，纳粹德国空军元帅，纳粹党二号人物，希特勒指定的接班人。

军的供应。但可投入使用的渔轮太少，此外鱼雷和船只残骸也对海上渔船构成威胁。船用柴油、石油、渔网和鱼桶都成了稀缺物品。因此，至少为了满足基本需求，直至1949年都必须从瑞典进口咸鲱鱼。

1949年2月7日按照苏联模式建立了萨斯尼茨VVB渔业经济加工厂，以前的合作社渔轮成为全民财产。当年年底，从汉堡买来的11艘渔轮壮大了这支小型船队。因为缺少现金，这些船是用糖换来的，因此它们在民间也被称为"糖渔轮"。很快，不来梅港、库克斯港和基尔等地的船长们也来到这里，驾驶全民所有的机帆渔船和拖船捕鱼。狡猾的鲱鱼不知道民主、联邦德国之间的界线，把民主德国和联邦德国甚至萨克森州和图林根州的年轻人也吸引到了波罗的海。

1954年夏天，我父亲从图林根州一个村庄来到萨斯尼茨，因为有关新企业招募船员并按照重活标准支付工资的消息也传到他家乡。年轻的捕鱼工人不需要房子，他们睡在17米长的渔轮艏部甲板上，而且也在那里做饭吃：鱼汤和鱼丸，此外还有对付寒冷和思乡的茴香烧酒。渔轮白天出海捕鱼，晚上把新捕获的鲱鱼卸回港口。发了工资后，船员们到滨海大道上的"窄手绢"舞厅跳舞，后来还去海员之家或斯杜普尼茨咖啡馆，那里营业到凌晨，有女孩、烧酒和伤感歌曲，可以让船员们把几天的繁重海上工

"金色的光芒属于国王。"从上到下：太平洋鲱鱼、沙丁鱼、黍鲱和大西洋鲱鱼

图片选自 1876—1877 年巴黎出版的《鱼类》

作暂时忘掉几个小时。这个时期出现了一首歌，我从"SAS维京浅滩"号渔轮的厨师那里学会了怎么唱：

> 姑娘爱我，妈妈恨我，
>
> 工资拿来喝酒，佣金拿来挥霍，
>
> 外表粗糙，但内心柔和，
>
> 这就是渔业合作社的小伙。

我最初在我家地下室的洗衣间里认识了鲱鱼，它们被密密麻麻地码在一个绿色塑料桶里。我父亲每次出海捕鱼都带回来新鲜鲱鱼，母亲把它们做成香草腌鲱鱼或鲱鱼卷。因为父亲坚信有朝一日我也要出海捕鱼，所以他很早就想教我如何杀鱼、如何切鱼片。于是我学会了著名的"割喉刀法"，也认识了鲱鱼的内脏：肝脏、胃、肠子和鳔。它们被整体从鱼腹中取出，同时不能破坏鱼卵和鱼白。即便在20世纪60年代的民主德国，一个十几岁的孩子在下午也有更有趣的事情去做，但父亲从不让我提这样的要求。只有把鱼片都切好后，我才被允许去踢足球或去电影院。但我通过这种洗衣间的培训后来在"少年生物学家工作组"首次解剖蚯蚓和雨蛙时就能使用解剖刀和柳叶刀了。那时我还没有意识到，7年后我会站到波罗的海的一条渔轮上在8级大风中把数吨鲱鱼铲到甲板下。

1973年春天，为了资助非洲和南美洲的青年到民

主德国首都柏林参加世界青年联欢节，自由德国青年（FDJ）号召我们参加自愿劳动。我们可能永远不会自愿去鲱鱼加工厂工作，因为加工鱼粉的设备发出的刺鼻气味有时会传遍整个城市，让加工厂不讨人喜欢。但前往柏林参加世界青年联欢节的前景是诱人的，因此我们也戴着头套，穿着白色罩衫和橡皮靴子站到流水线边。我们在那里向女工学习如何把鲱鱼装进罐头盒，以便随后把它们出口到联邦德国和社会主义阵营的百货商场里。鱼油的气味很大，因为加工鲱鱼片的设备还是这家工厂建厂时购置的。该厂在1949年1月投产，加工萨斯尼茨渔业合作社捕捞的鲱鱼。排污设施很陈旧，但该厂在1961年购置了现代化的流水线设备。新旧技术结合给我们的工作带来很多困难，直到我们能够像熟练的女工那样把鱼片快速放入不停地在我们面前经过的罐头盒。40年后，萨斯尼茨还在制造鲱鱼罐头。萨斯尼茨西港的吕根岛鱼品公司今天拥有欧洲最先进的鱼品加工设备。戴着头套穿着橡皮靴子的女工仍在那里忙碌地填装罐头。

我父亲是"SAS 290 独角鲸"渔轮上的舵手和船长，一直到1970年还驾船出海。他到北海捕鱼会带回异域风情的额外猎物，例如猫鲨、狼鱼或蜘蛛蟹等，但主要还是1米半长的鳕鱼。有时他用这样的好东西与门希古特半岛上有交情的海岸渔夫换取熏鳗

鱼。熏鳗鱼在民主德国是一种第二货币。我们不仅从联邦德国进口商品，罐头厂也必须向联邦德国市场出口商品赚取外汇。专门为汉诺威"苹果精品食品"公司生产的罐头被视为美食，尽管我们几乎不缺新鲜鲱鱼，但我们仍在下班后从看守眼皮底下偷偷带走几听出口罐头，回到家用波罗的海的联邦德国鲱鱼给父母一个惊喜。

"专供"这个标记随着时间流逝发生了什么变化，从罐头盒上就能看出来。如果说以前是羡慕的目光投向西方丰富的橱窗陈列品，那么今天萨斯尼茨鱼品加工厂生产的特色产品则是使用20世纪60年代包装设计的怀旧罐头。怀旧潮流和民主德国情结也波及鲱鱼。但该厂不是面向过去，而是面向世界市场。勃艮第鲱鱼冻或特制汤汁胡椒熏鲱鱼今天也远销北美和新西兰。有一次我在新西兰惠灵顿的超市货架上找到了萨斯尼茨鲱鱼片罐头，着实让我感到有些自豪。毕竟我曾经为这家企业出海捕过鱼。

我结束了轮船机械工培训后，就从罗斯托克附近的曼瑞纳亨返回了萨斯尼茨，被"SAS 282多格浅滩"号渔轮招募，开始了我的首次海上之旅。出海那天我得到了航海日记本，在更衣室穿上防水服、机械工制服和工作鞋，把我的一切物品放到机工室狭小的柜子里。出海后的第二天早晨我就应该掌舵，我们的轮机长结束了他的掌舵工作后在甲板上宣布

鲱鱼作为"我的小心肝"。头巾是那位著名渔妇的品牌标志。萨斯尼茨吕根渔业公司令人怀旧的西红柿汁鲱鱼片罐头包装

了我的工作任务。我们在罗斯托克培训的内容是在"Frosttrawler"型捕捞冷藏船的机械室工作。转动渔网绞盘或者杀鱼,当时我们觉得有损我们作为机械工的尊严。

海上工作第一周就消除了我的这种忧虑。尽管晕船,但我很高兴能够勉强站在盛满鲱鱼的甲板上。不论海风多大,天气如何,渔网都要收回来。因此必须保持高度谨慎,以防在大风大浪时掉入海中或在收网时陷入舷墙和拖网绞绳之间。公海捕鱼依然属于世界上最危险的职业之一。

在北海10月的一个冰冷日子里,我站在没膝的鲱鱼中,突然发现没有一条鲱鱼和其他鲱鱼是一样

的。那是人们在聚精会神和极度疲劳状态下所做的直到多年后还能再次记起的观察之一。

　　尽管工资很高，捕鱼还有补贴，且能拿到外汇，我干了一年后还是为了自己的戏剧梦放弃了捕捞鲱鱼这项工作。在无聊的排演和没完没了的剧作讨论会期间，有时我会羡慕渔船上的同事，渴望出海看看挪威海岸的日出景象。

　　但当1989年以后萨斯尼茨和罗斯托克的捕鱼船队被卖掉或作为废铜烂铁处理掉时，我很高兴不必亲身经历这一切。"直至1976年我们因为扩大捕鱼区而走出北海时，鲱鱼一直是我们面包里的鱼"，"SAS扬·迈因"号船长沃尔夫冈·亨克尔回忆说，"然后我们必须继续航行至乔治浅滩和新大陆。在那里我们必须先向加拿大渔业检查机关通报，然后带着一位检查官上船，由他决定捕鱼定额和捕鱼场所。滑稽的是，大多数情况下几乎没有鲱鱼。捕鱼船队的领导最终认定那是浪费时间和金钱，于是我们开始更大规模的寻找。我们最远到达毛里塔尼亚和西非海岸，捕获的不是鲱鱼而是沙丁鱼。"

　　我每次回家，港口里停放的渔轮都在减少。仅在4年时间里，50艘长度为26.5米级别的渔轮只剩下13艘，因为成本原因船员由8人削减为3人。托管导致欧洲最大的捕鱼船队在极短时间内被清理掉了。捕捞鲱鱼的渔民抵抗不了西方批发商的廉价竞争。

　　2013年秋天还有两艘以前的26.5米长的渔轮为萨斯尼茨吕根岛渔轮和海岸渔业公司服役，它们分别是"星鲨"号和"蓝鲸"号。它们的年龄和我一样大，1958年在施特拉尔松人民造船厂下水。未来鲱鱼将来自哪里？"我们的客户总是先询问鲱鱼"，萨斯尼茨"海洋盛宴"餐馆经理托马斯·库尔辛科夫斯基说。这家餐馆至今还像1974年开业时那样顾客盈门。"如果菜单上少了鲱鱼，那么少的就不只是一道菜，也是少了一段文化史。"

鲱鱼魔法

就连最肥胖的猫也不得不逃避鲱鱼良方。

德国北部谚语

鲱鱼代表着整个地区极其重要的资源，像它这样的鱼自然注定是一种神话式的生物。如果鲱鱼过多，人们必须以某种方式去理解这些出乎意料的馈赠；如果鱼汛没来，人们当然也必须以某种方式去理解。因此毫不奇怪，鲱鱼的神圣咒语比依次更迭的仪式和宗教更经久不衰。

在吕根岛的阿科纳角有斯拉夫人供奉战神斯万特维特的献祭场地。直至近代，鲱鱼和谷物都被献给最高神：在波罗的海边上的一些渔村里，当捕鱼季节开始时，人们拿着一小桶咸鲱鱼围绕主桅杆转好几圈，祈求"船满舱满"，随后把鲱鱼扔进大海。据说雷神巡游时也带着鲱鱼和米粥，这启示人们在新年时也吃这两种饭菜。据说来源于此的还有元旦前夜的鲱鱼沙拉和下列习俗：把鲱鱼鳞片装到钱袋里，那样的话在新的一年里就不缺钱花。

如果鲱鱼鱼汛没来，就会给民众带来严重影响。对于这种创伤经历，人们至少用一个故事来解释他

伦敦圣邓斯坦礼拜堂的鲱鱼礼拜活动。被送往比林斯盖特鱼市前，
鲱鱼在这里找到了它们的光荣席

图片选自 1952 年版约翰·奥利弗·拉格尔斯所著《鱼类之书》

们已经习惯的财富为何被剥夺。在这种情况下，本书前面已经提到的"北极来源"理论就大行其道。该理论认为，大量鲱鱼群生活在北极冰盖下面，春季将游向南方。如果它们没来，人们只能把这种情况解释为神对人类普遍犯罪或专门针对鲱鱼犯罪而实施的惩罚。如果神职人员大声要求的忏悔和赎罪等基督教手段也不起作用，人们必须用其他传统自救。在赫尔戈兰岛[1]流传着一个说法，岛上居民在基督化后立即把一个此前为祈求捕获大量鲱鱼而祭祀的古老神像更名为神圣蒂恩蒂乌斯（Heiliger Tynthius），现在它也应该承担同样的任务。基督教信仰实践受鲱鱼影响发生的另一个有趣的调整出现在维托半岛。当地渔民在等待鲱鱼捕鱼季节的开始时特别没有耐心。吕根岛上这片多风的地带收成很差，捕鱼业作为辅食来源不可缺少。阿尔滕基兴的牧师戈特哈德·路德维希·科泽加滕因此在阿科纳角[2]附近的维特村举行海岸布道，那样一来他的教堂在春季就不会空着，教徒在祈祷时能将特龙珀湾尽收眼底。当看到银光闪烁时，妇女们高喊"鲱鱼来了"，她们的丈夫则从海滩冲向渔船。牧师在他们身后大喊："上帝赐给你们鲱鱼，也给你们丰富的精神收获！"他的

1　位于北海的德意志湾中，隶属于德国石勒苏益格 - 荷尔斯泰因州。
2　阿科纳角位于吕根岛北部的维托半岛上。

家庭相册 Ⅱ.从上往下：大西洋鲱鱼和美洲黍鲱
谢尔曼·F. 丹顿[1]1902 年所画

兴奋是可以理解的，因为毕竟他也能从捕获的鲱鱼
中获得自己的一份。

　　如果神灵根本不想做什么事情，人们就采用直接
召唤鲱鱼的传统技术。波罗的海海岸的鲱鱼渔民试
图用火把或船舶灯笼吸引鲱鱼。一些渔民认为，那
只能在出现"鲱鱼景观" —— 月光照到水下鲱鱼群
产生的银色闪光 —— 之后才能奏效。尽管这种光可
能更多地由随着鲱鱼群从海底浮起的虾蟹和海藻引
起，但包括瑞士医生和自然科学家康拉德·格斯纳

1　Sherman F. Denton，1856—1937，美国自然艺术史家。

（Conrad Gesner）在内的很多人坚信，鲱鱼自身是发光的。如果春天在卡特加特海峡出现了极光，丹麦水手就认为这个迹象预示着该鲱鱼季节会收获丰厚。法国渔民把太阳升起的时刻视为最佳捕鱼时间，他们的英国雅茅斯同事甚至唱一首这样的歌：

> 鲱鱼喜欢明快的月光，
>
> 鲭鱼喜欢风，
>
> 但牡蛎喜欢挖泥人的歌声，
>
> 因为他温柔善良。

人们认为，不仅鲭鱼，而且鲱鱼也对风以及对某些风向特别有亲和力。不论在波罗的海沿岸还是在布列塔尼地区和苏格兰，人们都希望凭借这种提示识破鲱鱼捉摸不透的漫游行为。挪威渔夫说："哪儿有鲸喷水，哪儿就有鲱鱼。"一些渔民做"鲱鱼实验"，把一支海鸥羽毛吹落到甲板上检验风向。

鲱鱼对海岸居民的日常生活有多重要，也体现在带有鲱鱼的谚语中。在彼得·勃鲁盖尔创作于1559年的著名油画《尼德兰箴言》中，人们可以看到在叫卖的小贩、杂耍艺人和傻瓜之间也有一个人在炉箅上烤小鱼。这个场景对应的谚语是："为了鱼卵烤掉整条鲱鱼。"寓意是，为了一件小事牺牲了一件有价值的事情。在他的头上画着一条用鳃把自己挂起来的鲱鱼。这个场景的寓意是，每个人都必须为

彼得·勃鲁盖尔创作于 1559 年的油画《尼德兰箴言》

鲱鱼在图画左侧客栈十字架球的下面，象征着混乱的世界

自己的错误承担后果。勃鲁盖尔还对至今仍然具有现实意义的著名谚语"大鱼吃小鱼"做了令人印象深刻的描绘。

在德语中，与鲱鱼有关的谚语也数不胜数。"他含着鲱鱼出生"，这在中世纪的时候意指酒鬼。对于所谓的异教徒和异端传播者，人们说："他们把腐烂的鲱鱼带到国内。"路德派教徒在宗教改革之初肯定经常听到这样的话。他们也用鲱鱼回敬："僧侣和修女聚集起来就像桶里的鲱鱼那样密集。"路德本人也创造了一句带有鲱鱼的谚语："臭鲱鱼能变成很好的熏鲱鱼，懒汉也能变成好僧侣。"但是，没有太大历史影响的小型争端也通过鲱鱼被形象地刻画出来。如果两个人因为小事争吵，人们就这样开玩笑："他们争夺鲱鱼鼻子。"

在吕根岛上，鲱鱼谚语用德语方言说起来特别好听："如果我能让鲱鱼在啤酒里游泳，我还给它水干吗？"我还记得我成年仪式那天听到的一句甚至是恭维我的谚语也是如此 —— 我的叔祖母看到我第一次穿西装时说："你看起来就像一条光滑的鲱鱼。"

在中世纪化学和医学著作中，鲱鱼也作为一种药物被赋予神奇的力量。希尔德加德·冯·宾根[1]1151年至1158年编写的生物学著作《简单医书》提到了鲱

1　Hildegard von Bingen，1098—1179，中世纪德国神学家、作曲家及作家。

鱼。她在其中的《鱼书》里记载："鲱鱼由冷空气组成，但根据它的特性，它不是固定生活在一个地方，而是喜欢漫游。如果人们用大量盐腌制它，它体内的毒素会减少。不论对病人还是健康人来说，煎鲱鱼比煮鲱鱼的疗效更好。它的鱼白和鱼卵也能吃。头上长了疥癣或者身上有抓痕的人，或者麻风病患者，可以拿一条腌好的鲱鱼在水盆里浸泡，然后用盆里的水清洗抓痕或麻风疹。"这是否有效，没有记载。但希尔德加德由此创造了一种影响直至20世纪的鲱鱼药物。

库尔特·雅戈夫[1]写道，在中世纪某些药店开出的药方是用鲱鱼肝加蜂蜜治疗牙痛，用鲱鱼心脏治疗胃溃疡，用鲱鱼鳃制成粉末治疗癫痫。康拉德·格斯纳1560年前后在他的《鱼类全书》中建议用干鲱鱼鳔作为药物治疗排尿不畅。亚麻籽油泡鱼卵据说可以治疗痔疮，鱼白和黄油制成的软膏可以缓解冻伤。德国医生费迪南·伯克在其1769年所著《鲱鱼的自然及治疗全史之尝试》中建议，选择合适长度的鲱鱼将其撕开，用内面敷在伤口上，把伤口完全盖住。医学在过渡为现代科学时也还使用大量古老的鲱鱼治疗方法。皇家御医和柏林夏里特医院院长克里斯托夫·胡费兰认为，1806年后普鲁士的

1　Kurt Jagow，1890—1945，德国历史学家。

"稀奇的客人。"显然在 18 世纪黍鲱和大西洋油鲱就曾误入波兰但泽湾

图片选自雅各布·特奥多尔·克莱因[1]1740 年至 1749 年出版于但泽的《鱼类博物志》

疟疾发病率增加是因为拿破仑的大陆封锁政策，该政策导致进入欧洲大陆的鲱鱼减少。他在视察过程中从波莫瑞和吕根岛上的同事那里听说，有些神奇的

1　Jacob Theodor Klein，1685—1759，皇家普鲁士法学家、历史学家、植物学家、数学家和外交官。

医生和聪明的妇女用剁碎的鲱鱼、烈酒和马粪混合起来的鲱鱼药膏治疗痛风，用咸鲱鱼、泻根和黑肥皂制成的鲱鱼膏药治疗赘疣和牛皮癣。

据说1632年前后在荷兰莱顿大学解剖室的墙上挂着一张画，上面的一首赞歌讲述了鲱鱼的另一种疗效：

> 如果你们想吃得健康，
>
> 就必须吃腌鲱鱼，
>
> 不要太咸，不要太肥，
>
> 晚上在床上你们就不会难受，
>
> 而是会消化得很好，
>
> 并给你们征服女人的力量。

因为鲱鱼富含脂肪和蛋白质，因此不排除它也能被用作壮阳药，但迄今为止这没有得到科学证明。对鲱鱼强大生育能力的联想肯定也体现在中世纪努力追求成功履行婚姻义务上，这一点却是很好理解的。

我在孩提时代根本不知道这些神奇疗效，当时鲱鱼仍然只被视为万能药。在吕根岛时，我的祖母用它治疗感冒和发烧，同时口中还念着一句古老的口诀："鲱鱼来了不用请医生。"对付便秘，她使用红葡萄酒泡过的干鱼卵，但这是因为她喜欢罗斯托克红葡萄酒。

鲱鱼艺术

人们几乎想不到：本想让它们永远流传，
卖鲱鱼的女摊贩却把它们撕烂。

约翰·弗里德里希·冯·克罗内格[1]

来自安斯巴赫的戏剧家和散文家约翰·弗里德里希·冯·克罗内格1750年前后所作诗中的这句抱怨尤其是指印刷品，它们本来是为了永远流传，但几个月后却成了包裹鲱鱼的包装纸。冯·克罗内格先生的比喻有些夸张，因为在他所处的时代书籍非常昂贵，用来包裹鲱鱼不合算。

数百年来，卖鲱鱼的女摊贩就像市场上的"大胆妈妈"[2]，用诡计和能说会道的嘴巴把鲱鱼包裹到议会文件纸张和政府文件纸张里，同时也传播报纸上没有的小道消息。"买鲱鱼吧！买鲱鱼吧！"大清早新鲜鲱鱼一上市，她们的吆喝声就在市场上回荡。在我的童年时代，瓦尔讷明德教堂广场的市场上还有这样一名渔妇。她叫黑德维希·安克，但她的绰号

1　Johann Friedrich von Cronegk，1731—1757，德国戏剧家和诗人。
2　Mutter Courage，这个称号来自17世纪德国作家格里美尔豪森的流浪汉小说《女骗子和女流浪者库拉舍》，德国作家贝托尔特·布莱希特也写过一部名为《大胆妈妈和她的孩子们》的作品。

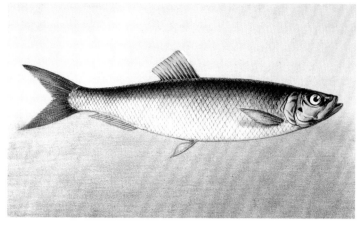

"有经验的鲱鱼。"
这张大西洋鲱图片选自 1868 年出版的《渔业和鱼》

"我的小心肝"[1]更为出名，自20世纪20年代起顾客就这样称呼她，有时很亲切，有时带着讽刺。因为她为人开朗且因为她的鲱鱼很新鲜，所以她受到所有人喜爱。她甚至以这个名号接受了《波罗的海日报》的采访，倾诉自己的担忧和苦恼。但她也不能谈论那些脑袋有问题的大人物，那些话无论如何不能出现在忠于党的路线的《波罗的海日报》上。该报被我们称为"注水真理报"，但它作为鲱鱼包裹纸却找到了自己的用途。今天，瓦尔讷明德的"我的小心肝"鱼馆还让人记起安克大妈。

1　原文是 Min Herzing，翻译为标准德语为 Mein Herzchen，意为"我的小心肝"。

有时作为反抗统治者的象征，有时作为缺少美食和易于满足的证据，鲱鱼很快在舞台上变成了贫困小人物的忠实伙伴。布莱希特喜欢妻子所做的奥地利饭菜，他理所当然也必须写到鲱鱼。在他的《潘第拉先生和他的男仆马狄》一剧中，车夫马狄有一次在潘第拉的庄园吃饭时发表了关于鲱鱼的著名演讲："伟大的鲱鱼，你是贫苦人民的享受！你任何时候都是人们填满肚子的东西，都能够以你的咸腥刺激肠胃。你是从海里来的，你将到土里去。用你的力量可以砍伐松林，可以耕种田地，用你的力量，开动那些名叫佣工的，还不是永久自动的机器。啊！鲱鱼，你这畜生，假若没有你，我们也许要向农场要求猪肉，那么芬兰会成什么样子呢？"[1]

我在柏林剧团认识了海纳·穆勒，他作为布莱希特的后继者在1951年创作的《祖父的报告》中也赞扬了鲱鱼："如果我母亲谈到自己的童年时代，就喜欢拿咸鲱鱼说事。它挂在小木屋房顶的一条绳子上，往下垂着。它必须放一个星期。它只在发工资的日子换新的。一家人三顿饭都绕着它转，'每人吃一小口'。"穆勒不喜欢鲱鱼，鲱鱼让他记起梅克伦堡的中小学时代，对于他这样从萨克森迁居过来的学生而

1　人民文学出版社1980年出版的《布莱希特戏剧选下》第219页，杨公庶译，孙凤城校。

言那可是不堪回首的日子。但当我们在剧院食堂坐在一起吃白菜肉卷时，有时他也让我讲出海捕捞鲱鱼的故事。

在莎士比亚时代，英国流动喜剧团的车子横穿欧洲。这些英国人是为了躲避瘟疫和清教徒才逃离伦敦的。他们把"Pickelhaering"[1]这个小丑角色带到德国。"Pickelhaerings"是德语"Poekelherings"的英文版本，也是德国丑角"Hans Wurst"[2]的鱼兄弟。格林兄弟编写的词典收录了"Pickelhaering"这个词条，把它解释为"爱讲笑话的人"和"小丑"。德国剧作家安德烈亚斯·格吕菲乌斯受莎士比亚启发在1658年创作的喜剧《荒诞喜剧或彼得·古恩茨先生》中也安排了这个角色充当国王的宫廷小丑。

莎士比亚在戏剧中也主要把鲱鱼当作嘲弄对象。《第十二夜》中有这样的台词："傻子之于丈夫，犹之乎沙丁鱼之于鲱鱼，丈夫不过是个大一点的傻子而已。"在《罗密欧与朱丽叶》中，茂丘西奥用一个不确切的比喻取笑他那患了相思病的朋友："他就像失去鱼卵的干瘪的鲱鱼。"

英格兰人、苏格兰人和爱尔兰人以特别有创造力的方式处理鲱鱼，例如他们的民歌，源自爱尔兰金

1　字面意义为咸鲱鱼。
2　"Wurst"字面意义为香肠。

塞尔的《鲱鱼之歌》就证明了这一点：

> 你觉得我们把它的背部处理得好不好？
>
> 名叫杰克的最棒的伙计！
>
> 你觉得我们把它的腹部处理得好不好？
>
> 名叫内莉的好女孩！
>
> 你觉得我们把它的尾巴处理得好不好？
>
> 曾经远航的最好的大船！
>
> 歌唱吧，鲱鱼尾巴！
>
> 歌唱吧尾巴，歌唱吧尾巴，
>
> 歌唱吧告诉我们，歌唱吧告诉我们！

在北德意志民歌中，鲱鱼的强大生殖能力似乎主要帮助它获得了轻浮浪子的恶名。在《鲱鱼和比目鱼》这首歌中，银色的鲱鱼被说成是骗婚者，它只是因为一枚金币才娶歪嘴的比目鱼当老婆："因为这个老太婆很有钱，鲱鱼立马娶她到跟前；这条鲱鱼也很老，它的经验也不少。"《鲱鱼和鲭鱼》这首歌更加无情地鞭挞了它，指责它抛弃怀孕的鲭鱼，因此让它上了法庭 —— 对于一种群居鱼类来说，这似乎是很牵强的指责。"鲭鱼拉下眼皮，痛苦地俯视着它：'你这条鲱鱼，无情的大哥 —— 我们到鱼类法庭上见！'"但它们没有在法庭上相见，而是在鱼铺里：一个成了熏鲭鱼，一个成了鲱鱼沙拉。这首歌可能源于这样一个古老的民间迷信：鲭鱼撮合鲱鱼交尾。显

然作为对这种偶然事件的反应，维克托·冯·舍费尔[1]写下了《鲱鱼和牡蛎之歌》，讲述了牡蛎为受辱的同伴报仇。当鲱鱼想亲吻牡蛎时，牡蛎猛地合上了贝壳："哦，鲱鱼，可怜的鲱鱼，你洋相大出！牡蛎生气地合上了贝壳，你身首异处。"

谈谈音乐：世界上最好最贵的口琴是美国俄亥俄州马里恩市的鲱鱼口琴公司制造的。2005年我在芝加哥偶然发现了这个牌子的口琴，于是购买了一只鲱鱼牌蓝调口琴。尽管我没有太多音乐天赋，但就凭这口琴的牌子我也必须从这一大批银色"音乐鲱鱼"中买走一只。

在那之后，我一直梦想自己能在一次海上长途旅行中最终学会吹口琴并且再次阅读《白鲸》。因为在赫尔曼·梅尔维尔[2]的这篇小说中也出现了鲱鱼，即便它们只是边缘角色。"杂烩"那一章主要讲述了南塔开特岛炼锅客店寥寥无几的饭菜，鲱鱼在这一章中短暂出场。以实玛利和魁魁克在这家客店吃的一直是鳕鱼和蛤蜊，早餐他们想换换口味，因此向荷西亚太太点了"熏鲱鱼"。

捕鲸者在开启长年旅行之前也装备好一桶一桶的咸鲱鱼。因此，在白鲸把"裴廓德"号捕鲸船击沉到

1　Viktor von Scheffel，1826—1886，德国诗人和小说家。
2　Herman Melville，1819—1891，美国小说家、散文家和诗人。

海底之前，这两个朋友已经吃了足够多的鲱鱼。抹香鲸不太喜欢鲱鱼，它们偏爱大型乌贼。但对其他所有种类的鲸来说，鲱鱼是基本食物。

在柏林剧团，我想把《白鲸》搬上造船厂工人大街剧场，但海纳·穆勒认为《白鲸》在文学上被过分高估。最终，彼得·帕里奇把贝克特[1]的戏剧《终局》搬上了舞台。在剧中，哈姆吹嘘自己的过去："我认识了一个疯子，他认为世界末日到来了。他画了一些油画。我很喜欢他。我有时到疗养院看望他。我拉着他的手，把他领到窗边。他说，看啊，看那里！种子发芽了！还有那里，看啊！鲱鱼船队的帆篷！这一切是多么美好！"我们在排演时展开了讨论，因为法文版本和德文版本用的是"沙丁鱼船"，而贝克特的英文版本用的是"鲱鱼船队"。我冷静地分析说，沙丁鱼船在水上看起来不好看，因此我们最终采用了"鲱鱼船队"。

梅尔维尔不是在文学小说中提到鲱鱼的第一人。在法国作家弗朗索瓦·拉伯雷的《巨人传》中，庞大固埃的座右铭是："最好是大笑，而不是像鲱鱼那样被烘烤。"他说着这句话给高康大端上了布利奶酪和新鲜鲱鱼。他还把鲱鱼说成是嘲讽者的傀儡。这

1　Samuel Beckett，1906—1989，爱尔兰著名作家、评论家和荒诞派剧作家。

顿饭是用足够多的勃艮第红酒冲下肚的。在刘易斯·卡罗尔[1]的时代，吃茶点配红鲱鱼成为时尚。这种在英国被称为"Kipper"的腌熏鲱鱼是从背上被劈开，然后用橡木熏烤的。来自比布斯沃斯的瓦尔特（Walter of bibbesworth）在13世纪所写的诗中已经出现了它的身影，在那里它被称为"heryng red"（红鲱鱼）。著名的《佩皮斯日记》[2]甚至在1660年2月28日提到了它："早晨起床，早餐吃了一点红鲱鱼。我的靴子重新换了鞋跟。"马恩岛上的这一特产也受到大不列颠王国中上阶层人士喜爱。

与莎士比亚同时代的托马斯·纳什在他1599年所写的赞词《纳什的大斋节原料或赞扬红鲱鱼》中把它当作转移焦点的代名词。这篇论文本身就是第一条"红鲱鱼"，旨在转移他是《犬岛》的共同作者这一事实。《犬岛》是他和本·约翰逊共同撰写的。该剧被当局斥为"富有煽动性"，约翰逊被投入监狱，而纳什则逃往雅茅斯。在那里他认识到了鲱鱼的重要性并赞扬了鲱鱼。丹·布朗在他的惊悚小说《达芬奇密码》中通过把杀人嫌疑转移到主教阿林加洛沙（Aringarosa）身上而沿用了这一传统，但熟悉鲱鱼历

1　Lewis Carroll，1832—1898，英国数学家、逻辑学家、童话作家、牧师、摄影师。

2　《佩皮斯日记》是17世纪的英国作家、政治家塞缪尔·佩皮斯从1660年到1669年所写的日记。

史的人当然不会上当：人如其名。[1]

在所有艺术中最经常描绘鲱鱼的可能是绘画。从格奥尔格·弗莱格尔[2]到凡·高（Vincent van Gogh），文艺复兴以来的画家在他们的静物画中把鲱鱼安排成色调亮丽的部分。它几乎就像龙虾那样经常出现在绘画中，尽管龙虾的鲜亮红色看起来更华丽。但鲱鱼可能比龙虾更经常出现在艺术家们的餐盘里，因此他们觉得这位海洋中的流浪汉更有亲和力。

卡斯帕·大卫·弗里德里希在1801年至1826年到吕根岛旅行时一再画渔船和渔网素描。他在1818年创作的油画《海边妇女》中描绘的场景最为出名：一位妇女坐在维特村海滩上，捕捞鲱鱼的船队正从特龙珀湾向她驶来。背景是高耸的阿科纳角，它前面有几只很显眼的帆船在航行。那位妇女背对着观众，因此人们不知道她向往大海还是忐忑不安地等待渔夫返航。这幅画被解释为此岸和彼岸的相遇，这位妇女和捕捞鲱鱼的渔夫象征着此岸，明亮的礁石和船帆象征着彼岸。我认为，这幅画主要让人想起弗里德里希的妻子卡罗琳生平首次看到大海并梦想和渔民一起出海时的景象。

弗里德里希不是在吕根岛当地画这些画的，而

1　Aringarosa，是"红鲱鱼"一词在意大利语中字面译法"aringa rossa"的变体。

2　Georg Flegel，1566—1638，德国画家。

是在德累斯顿借助素描本凭记忆重新构图的。他在萨克森也不能放弃波罗的海鲱鱼。当他的兄弟海因里希在1818年3月给他寄去一桶新鲜鲱鱼时，他回信道："你寄来的鲱鱼让我和妻子非常高兴。我妻子不用太多指导就能津津有味地吃鲱鱼，似乎她是土生土长的波莫瑞人而非土生土长的博默恩人。"

在所有鲱鱼绘画中给我留下最深刻印象的是温斯洛·霍莫1885年在芝加哥艺术学院所画的《捕鲱之网》。这位1836年生于波士顿的画家非常熟悉美国东海岸的捕鱼生活。在美国内战中做了4年战地报道插画家并在法国塞尔纳拉维勒艺术家社区待过一段时间后，从1873年起，他的夏天主要在美国最古老和最大的渔港马萨诸塞州格洛斯特度过。他从这里开始游遍了安娜角至缅因州边界之间的海岸风景胜地。1883年他在普劳茨耐克建立了画室，在那里画出了他那些大型的海洋题材作品：1884年的《救生索》，1886年的《大雾预警》、《八个沙漏时》和《回头浪》。其间，他在1885年创作了《捕鲱之网》。

卡斯帕·大卫·弗里德里希用浪漫的笔触把捕捞鲱鱼画得悲伤忧郁，而温斯洛·霍莫却比任何画家都更加现实地记录了捕鱼工作固有的艰辛。人们几乎能切身感受到那两名渔夫用多大力量把沉重的渔网从大西洋深处拉上来。左舷侧的渔夫在拉网时把身体大部分都探出船舷，好像海浪随时会把他冲

捕捞鲱鱼的人回家

卡斯帕·大卫·弗里德里希 1818 年所画《海边妇女》

走。地平线上的3艘帆船几乎没有希望提供救援。但这两位被防水帽挡住脸的渔夫没有时间想这个问题。他们淡然地把挂满鲱鱼的冰冷渔网拉上渔船，只是表面上保持了自己作为自然力量主人的地位。大海上两个孤单的渔夫，只有几块木板让他们免于葬身大西洋海底。水手们用辛辣的幽默称海底坟墓为"戴维·琼斯的箱子（Davy Jones'locker）"[1]。在格洛斯特港口海边大道上竖立着一座名为"在海上航行的人"的

1　Davy Jones，戴维·琼斯，在欧洲传说中是一个水中的恶魔，又译海底阎王。

温斯洛·霍莫 1885 年所画《捕鲱之网》

文森特·威廉·凡·高 1886 年所画《鲱鱼静物画》

纪念碑，纪念给整个新大陆提供鳕鱼和鲱鱼并因此
葬身大海的渔夫。迄今为止，仅格洛斯特附近地区
已经有近1万人死亡。温斯洛·霍莫的画也让人记起
他们。

鲱鱼美食

鲱鱼很好，

攒奶油很好，

鲱鱼和攒奶油一起吃该是多么好。

库尔特·图霍尔斯基[1]

鲱鱼一直是德国人餐盘中仅次于阿拉斯加绿鳕鱼、排名第二的食用鱼。虽然100克鲱鱼含有15克脂肪，热量为195大卡，排在鳕鱼和鳗鱼之间，但它也含有丰富的蛋白质、维生素A、维生素B、维生素C、钙、氟、碘和铁。因此，它是非常健康的食用鱼，给人们带来很多美食幻想，同时不用太多厨艺就能烹饪。您可以在理查德·赫林（Richard Hering）的《烹调词典》中找到合适的最重要的操作建议。该词典是欧洲烹饪文化的典范著作。

1　Kurt Tucholsky，1890 年生于柏林，魏玛共和国时期重要的政论家、文学评论家、诗人。

吕根岛鲱鱼沙拉

500克腌小鲱鱼，1个苹果，

125克精细蛋黄酱，50克甜菜，

新鲜莳萝，1个紫洋葱，糖，胡萝卜

我母亲的拿手菜是鲱鱼沙拉，因此我最先介绍她用苹果和洋葱做的吕根岛鲱鱼沙拉。

做法：500克腌小鲱鱼切块，1个苹果也切块，然后将两者放入碗中，加入125克精细蛋黄酱、50克切碎的甜菜和新鲜的莳萝搅拌，再在上面撒上紫洋葱圈。我母亲的秘诀在于添加一点糖和醋熘爽口胡萝卜块。最后把沙拉放入冰箱。

牛腩鲱鱼片杂烩

200克腌牛腩，2个洋葱，1片月桂叶，
2片鲱鱼，250克土豆，黄油，1个鸡蛋，
腌黄瓜，甜菜，2个鲱鱼卷

　　这种杂烩作为一道腌肉菜品最初是在英国皇家海军舰船上食用的。海员们因为坏血病牙齿受损，只能吃糜食。因此人们把硬牛肉煮软、绞碎，和船上应急用面包干的粉屑混合在一起。英国作家和饭店老板爱德华·沃德1706年在其《牙买加之旅》一书中首次提到这道菜。

　　做法：200克腌牛腩和1片月桂叶放在一起煮，然后用绞肉机绞碎。2片鲱鱼和2个洋葱切块。250克土豆煮熟，滗掉水，捣碎。3汤匙黄油或动物油放到锅里熔化，把肉糜、土豆泥、鲱鱼块和洋葱块放进去，不停地搅动，慢慢加热。不时加入腌肉汤和胡椒。在另一个炉子上煎1个鸡蛋。把煎鸡蛋放到杂烩上，配上腌黄瓜片、甜菜和2个鲱鱼卷装盘上桌。

俾斯麦鲱鱼和鲱鱼卷

鲱鱼片或鲱鱼卷，月桂叶，多香果，

芥末籽，白胡椒，白醋，洋葱，

胡萝卜，酸性稀奶油，腌黄瓜

　　俾斯麦鲱鱼很快就像荷兰腌鲱鱼那样大受欢迎。据说它是施特拉尔松酿酒工和鱼贩约翰·维希曼发明的。维希曼在1871年送给铁血宰相一桶香汁波罗的海鲱鱼片作为生日礼物，并请求允许他以这位侯爵之名命名自己的特色菜。他的请求获得批准，于是，俾斯麦鲱鱼在德国的鱼铺胜利进军。

　　做法：把鲱鱼片和月桂叶、多香果、芥末籽一起放入白醋里，上面放一层洋葱圈和一层切细的胡萝卜。至少浸泡一天，然后和酸性稀奶油一起装盘上桌。鲱鱼卷的做法是，把上述鲱鱼片切成合适长度放入盐水中；然后用醋、月桂叶、白胡椒粒和切碎的洋葱煮成汤汁并冷却；在此期间把鲱鱼片从盐水中取出沥干，在上面放上洋葱片、胡椒粒和薄薄的腌黄瓜片，卷起来，用牙签插住；然后把它们放入一个锅里，上面浇上汤汁，至少浸泡5天。然后和黄瓜沙拉、全麦面包以及诺德豪森黑麦威士忌酒一起上桌。

腌汁煎鲱鱼

12条鲱鱼，6个小洋葱或12棵冬葱，
20粒丁香，2片月桂叶，柠檬，醋

　　把鲱鱼放到水中浸泡24小时，要经常更换新水。然后把鲱鱼一层层放入石盆或玻璃罐里，鱼层之间放入一些柠檬片，浇上能没过12条鲱鱼的特制腌汁。腌汁的做法是，把醋（2/3）和水（1/3）加6个小洋葱或12棵冬葱、20粒丁香和2片月桂叶放入锅中煮。煮沸后关火，冷却后浇到鲱鱼上。24小时后就可以食用。

裹糊煎鲱鱼

新鲜鲱鱼，牛奶，面粉，
蛋黄，白葡萄酒，黄油，
鱼白，鱼卵，鸡蛋，盐，胡椒

　　洋葱煎青鲱鱼在瓦尔讷明德"我的小心肝"餐厅里被称为"饱餐鲱鱼"，它在家里也很容易做。

　　做法：提前一天把鲱鱼放入牛奶中浸泡。把面粉、蛋黄和白葡萄酒搅成糊，黄油在平底锅里加热，鲱鱼裹上面糊两面煎成金黄色。鱼白和鱼卵切碎，与鸡蛋、盐和胡椒搅成稀糊，也放入黄油平底锅中，再加上切细的洋葱一起炖并搅拌，直至锅里的东西凝固。

煎土豆条裹波罗的海鲱鱼片

8条清理好的鲱鱼，4个土豆，2个柠檬，
一些白葡萄酒，油，掼奶油，皱叶甘蓝，
胡萝卜，火腿块，洋葱，皱叶欧芹，
香草，芥末，一些面粉和肉豆蔻

　　萨斯尼茨"海洋盛宴"餐厅的一道特色菜是煎土豆条裹波罗的海鲱鱼片配奶油芥末皱叶甘蓝。这是该餐馆大厨马库斯·迪尔科普好心透露给我的。

　　做法：用柠檬以及白葡萄酒把鲱鱼片滴湿，冷藏一个小时。在此期间把洋葱和火腿块一起炒熟。然后加入切成条的皱叶甘蓝，撒上面粉，用掼奶油浇拌。再加入胡萝卜条、盐、糖、肉豆蔻和芥末调味。鲱鱼片上撒上少许盐和胡椒，裹上面粉，蘸上搅拌好的鸡蛋液，再粘上切得很薄的土豆条，放到热油里煎成金黄色，配上皱叶欧芹装盘上桌。

咸鲱鱼配带皮热土豆

8条咸鲱鱼，胡椒，柠檬汁，

4个硬的酸苹果，4个洋葱，

1把皱叶欧芹

　　做法：把鲱鱼切成片，好好浸泡（在水中浸泡24小时，其间至少换一次水），接着用柠檬汁和胡椒调味。苹果削皮去核，切成片。把鱼片放到苹果片上，撒上洋葱圈，上面再撒上剁碎的皱叶欧芹做点缀。旁边放上带皮热土豆，撒上几小团黄油。

瑞典鲱鱼蛋糕

2条咸鲱鱼或腌鲱鱼，白葡萄酒，

250克土豆，米饭，1把皱叶欧芹，

1个洋葱，椰子油，黄油，面包屑，胡椒

　　我在斯德哥尔摩戏剧界朋友那里吃到的鲱鱼蛋糕有些不同寻常。他们声称，这种鲱鱼蛋糕曾经是斯特林堡[1]喜欢的食品。

　　做法: 2条咸鲱鱼或腌鲱鱼放入白葡萄酒中浸泡，250克煮土豆与米饭、1把切碎的皱叶欧芹和轻微煎炒过的洋葱混合，并与鲱鱼一起放入一个涂过椰子油的烘烤模子里。上面撒上黄油碎块、面包屑和胡椒，然后放入烤箱烤成金黄色。

1　August Strindberg，1849—1912，瑞典戏剧家、小说家、诗人。

鲱鱼卵

200克鲱鱼卵，盐，胡椒，
法属圭亚那首府卡宴所产胡椒，
面粉，黄油，烤面包片

鲱鱼卵长期被视为无用的内脏，但在我们家里却很受重视。今天它在很多餐馆都被视为美食甚至被当作鱼子酱（用莳萝、咖喱或大蒜调味）供应。人们可以快速将其做成热前餐或用它填充蛋饺和玉米脆饼。

做法：200克鲱鱼卵冲干净，裹上放入盐和胡椒调过味的面粉，放入黄油中煎一小会儿。撒上法属圭亚那首府卡宴所产胡椒，和新鲜烤面包片一起上桌。

燕麦糊鲱鱼

4条鲱鱼，150克燕麦片，

2茶匙芥末籽，盐，胡椒，

葵花子油，柠檬，肥肉

　　我在苏格兰一个卖鱼和薯片的小摊上发现了裹着燕麦片的鲱鱼，吃起来比通常裹着厚厚面糊的鳕鱼更可口。这位繁忙的鱼摊女厨师在煎鱼和上菜之间告诉了我这道菜的做法。

　　做法：把4条鲱鱼清理好，去骨，放入水中浸泡。150克燕麦片、2茶匙碾碎的芥末籽、盐和胡椒放入碗中搅拌，然后把沥干水的鲱鱼裹上搅拌好的燕麦片。平底锅里放入葵花子油加热，然后把鲱鱼两面分别煎3分钟左右至金黄松脆，和柠檬以及煎肥肉块装盘上桌。

詹姆斯·恩索尔[1]1891 年所画《两架骷髅争夺一条熏鲱鱼》

　　一些吃鱼的美食家挑剔地说，没有盐和胡椒，没有醋和油，鲱鱼就吃不出什么味道。鲱鱼寿司的确不是美食，但也有这种机智的狂热分子的特点。它能接纳各种味道，但仍保持自己的特色。不过，只有吃鲱鱼的行家才能体会到这一点。

1　James Ensor，1860—1949，比利时画家和图形艺术家。

鲱鱼死了！
鲱鱼永生！

鲱鱼，只要你还在大海和海峡中漫游，
你就还是世界的希望。

马克斯·冯·亚斯蒙德《鲱鱼颂歌》

鲱鱼的繁荣世界，它的强大繁殖能力，它的快乐的世界主义，它的丰富文化历史——在它胜利进军后，一切似乎都被忘记，于是只剩下争取生存的毫无诗意的斗争。那是渔民的斗争，也是鲱鱼的斗争。

"今天，全人类已经有60％的人生活在距离海岸60公里以内的区域，"伟大的海洋维护者伊丽莎白·曼·博格泽[1]1995年接受采访时说，"这一比例将在下个百年中增加至80％。这种压力减少了海洋鱼类的存量，破坏了它们的产卵场地。但人口越多，对鱼类的需求也越大。"

她的预言现在得到证实。根据联合国粮农组织（FAO）的数据，今天超过四分之一的鱼类资源遭到过度捕捞。2013年度《世界海洋研究》（*World Ocean*

---

[1] Elisabeth Mann Borgese，1972年倡导成立了非政府非营利性的国际海洋研究所。

Review）写道："自1950年以来，全球每年的捕鱼量增加了4倍。"

在20世纪70年代中期大西洋渔业资源减少后，直至新千年之交鲱鱼都被视为被过度捕捞的鱼类。捕捞限额和扩大渔网网眼的措施至少使得北海和波罗的海的渔业资源有所恢复。这个消息受到政治界和媒体欢呼，好像世界海洋过度捕捞的问题已经解决。

世界人口快速增长以及他们日益加剧的饥饿问题导致的冲突却没被考虑在内。水产养殖旨在为未来提供巨量收成并使野生渔业资源得到保护。但过去一些年里，从挪威到越南的大型鱼类和海产品养殖场的大规模养殖一再导致令养殖场绝产的传染病。为了对付引起传染病的细菌和病毒，人们使用了抗生素，那又在长期作用下导致广泛的抗药性。此外，废水排放给过度营养化的海洋带来更多养分和化学物质。这将对野生渔业资源产生什么影响，今天还很难估计。旅游业和捕鱼业现在已经造成全球海藻和水母增加，致使一些海滩甚至核电站不得不关闭。如果海藻失去鱼类这一天然敌人，海洋将失去重要的调节机制。氧含量将下降，更多的海藻和细菌将在海洋中蔓延。

对鱼类的巨大食欲导致了海洋的过度开发，但那些把鱼类带到瓷盘、塑料盘或罐头盒中的人日子也不好过。直至1989年，萨斯尼茨还拥有一支由50艘

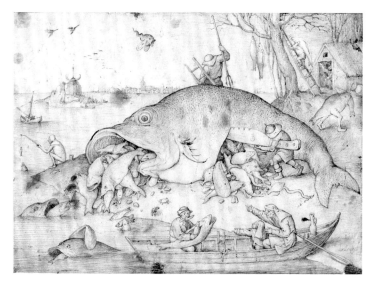

在水中和在陆上一样
彼得·勃鲁盖尔的版画《大鱼吃小鱼》，1557 年印刷

船组成的令人骄傲的鲱鱼捕捞船队。其中一些捕鱼船从1948年起就开始服役，它们的工作能力值得信赖。但今天只剩下两艘渔船了。其中一艘"SAS 73统一"号渔轮是米夏埃尔·汉尼希1990年购买下来的。他强烈抱怨欧盟在西班牙和葡萄牙实施的补贴政策。他作为渔民无法抗衡欧盟补贴政策导致的倾销价格，那还尤其因为在工业生产条件下政界似乎根本不希望捕鱼业存在："这里的每个人都知道，如果你想捕鱼，那么你在当前柴油价格和每公斤鲱鱼价格下一定还有利可图。鱼贩收购鲱鱼是每公斤25欧分。所

家庭相册 Ⅲ
施特拉克教授《插图版博物志》中的鲱鱼亲属

有人都想吃鲱鱼，但它应该便宜，加工厂的渔船能做到这一点。可是，恰恰我们这样的海岸个体渔民才采用环保捕捞方式。我如果开水产养殖场就能得到贷款，但我这艘65年来一直工作的渔轮却得不到贷款。而他们却在谈论可持续性。"米夏埃尔·汉尼希的命运代表着北海和波罗的海沿岸数千海岸渔民的命运。

联合国粮农组织2006年的一份研究报告预测说，如果全球捕鱼业仍像今天这样发展，到2048年所有渔业资源都将遭到破坏。2013年度的《世界海洋研究》指出，禁渔令带来的鱼群恢复绝对不是就整个渔业资源而言，未来设定捕捞限额时还应该考虑尤其给鳕鱼和鲸等其他捕食者留下足够鲱鱼。几十年来，这样的建议恰恰被西班牙和葡萄牙等捕鱼大国当作耳边风。这至少导致欧洲的渔业政策开始改变思维。但欧盟这艘沉重的大拖船是否真能走上新路线，还需拭目以待。此外，在全球前十大捕鱼国家中没有一个是欧洲国家。今天，世界海洋渔业资源快被中国、秘鲁、印度、日本、美国和俄罗斯捕捞光了。数千年来似乎取之不尽的渔业资源可能很快就会枯竭。"那样的话，未来麦当劳只能售卖水母汉堡"，海洋生物学家马丁·维斯贝克2011年接受采访时取笑说。

尽管如此，迄今为止鲱鱼成功地避免了灭绝。或许有一天当压力再次变大且北极冰盖继续融化时，鲱鱼将重新退回纬度更靠北的地区。作为狡猾的个体主义者和机智的群体行动者，到目前鲱鱼一直能找到活路并一直记得它是如何度过孵化后最危险的几周的。我坚信，它也会比工业捕鱼业和符合市场规则的西方民主国家存在时间更长。挪威人说："鲱鱼多了甚至能赶走一条鲸。"或许我们也能用这一策略再次逃脱我们给自己织下的大网，因为学习鲱鱼意味着学习幸存。

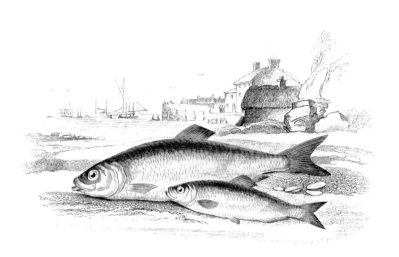

大西洋鲱鱼

学　名：*Clupea harengus*
德文名：**Atlantische Hering**
英文名：**Altlantic Herring**
法文名：**Hareng atlantique**

　　大西洋鲱鱼是最著名的鲱科代表，它们的鳞片能够发出彩虹一般的各种色彩。它们的脊背颜色从钢青色一直渐变到祖母绿色，借此迷惑海鸥和鸬鹚。它们通过集群游弋的战术逃避水下捕猎者，在这种情况下鱼群移动速度最快可达6节[1]。它们甚至多次战胜了最危险的捕猎者，通过协调一致的集群逃跑横穿渔轮下面的渔网，导致渔轮随后倾覆。但在面对工业拖网船和动力十足的渔轮时，鲱鱼的这种勇气也失灵了。它们的自然寿命预期为20年，但在大西洋和太平洋里都从未存活过这么长时间。或许只有当鲱鱼在那里几乎快要灭绝时，人们才会在最后一刻采取保护措施。大西洋鲱鱼作为鲱科中最有影响力的鱼类，带来了财富、地位和身后哀荣。"有些东西的使用决定了整个帝国的命运，鲱鱼就是其中之一，"法国鱼类学家和作曲家艾蒂安·德拉塞佩德（Etienne de Lacepede）在1803年所著《鱼类博物志》中写道，"咖啡豆、茶叶、热带香料甚至蚕都没有鲱鱼对国家财富的影响那么大。"

1　1节 =1 海里 / 小时。

30cm

太平洋鲱鱼

学　名：*Clupea pallasii*
德文名：Pazifischer Hering
英文名：Pacific Herring
法文名：Hareng pacifique

太平洋鲱鱼的学名要归功于柏林博物学家和地理学家彼得·西蒙·帕拉斯（Peter Simon Pallas）。他作为圣彼得堡俄罗斯皇家科学院院士，多次参加了沙皇叶卡捷琳娜二世委托的西伯利亚和克里米亚探险，到那里研究动植物。为了发现太平洋鲱鱼，这位普鲁士科学家前往亚洲。与大西洋鲱鱼不同，太平洋鲱鱼不是伟大的漫游者，只在产卵期从公海游向近海水域。通常它从白令海峡经鄂霍次克海和中国南海抵达北太平洋和加拿大及加利福尼亚海岸。有些鱼群在俄罗斯和日本的河口溯游而上，从而在萨哈林岛（库页岛）和北海道形成淡水鲱鱼。产卵时间在北太平洋始于2月份，10月份在南加利福尼亚海岸结束。太平洋鲱鱼通常最长可达35厘米，但今天还能捕捞到长达半米的个体。无论在亚洲和美洲的厨房还是在艺术中，太平洋鲱鱼都没有达到大西洋鲱鱼那样的受欢迎程度。日本人把放到海藻上的鲱鱼卵视为美食，但拒绝吃鲱鱼肉，并将其加工成养鱼场的饲料。韩国人却很喜欢吃鲱鱼，在釜山港鱼市上甚至为它建了一尊银光闪闪的雕像。

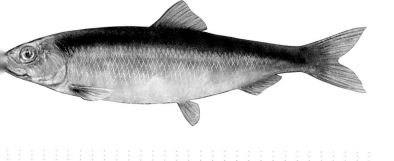

30cm

沙丁鱼

学　名：*Sardina pilchardus*

德文名：Sardine

英文名：Sardine

法文名：Sardine

　　大西洋沙丁鱼渔场从北大西洋一直延伸到西非海岸。地中海和黑海也有沙丁鱼群，但已遭到过度捕捞。沙丁鱼也和鲱鱼一样结群行动，在水中最深下潜深度可达100米，夜间可上浮至离水面10米处。沙丁鱼以浮游生物和小鱼仔为食。但它自身却主要是鲸、海豚和海鸟的猎物。最古老的沙丁鱼菜谱源自古罗马时期。沙丁鱼至今仍在几乎所有的地中海地区菜单上占有重要地位，就像在地中海沿岸国家的出口统计中占有重要地位一样。它的经济意义尤其在20世纪70年代中期欧洲鲱鱼资源减少后得到提升。它在加利福尼亚西海岸的美洲亲属在20世纪50年代就遭遇了这样的命运。"世界沙丁鱼之都"蒙特雷的大型罐头厂不得不关闭，那里的生产也被转移到缅因州和摩洛哥。至少约翰·斯坦贝克[1]1945年出版的小说《罐头厂街》给当时在蒙特雷无处不在的太平洋沙丁鱼树立了一座永久的文学纪念碑。

1　John Steinbeck，20世纪美国作家。

20cm

黍鲱

学　名：*Sprattus sprattus*
德文名：Sprotte
英文名：Sprat
法文名：Sprat

　　黍鲱曾经是穷人吃的鱼，而且现在也是。在雷克雅未克[1]至罗德岛[2]之间的几乎所有港口和鱼市上，只需要花很少钱就能买一大袋黍鲱，在早餐、午餐和晚餐上它们都被吃得精光。渔民和鱼类科学家区分了大西洋黍鲱、波罗的海黍鲱和地中海黍鲱，它们都以浮游生物为食，也结成鲱鱼那样庞大的群体在海洋中游弋。白天它们不会浮上水面，但傍晚它们开始上浮，到晚间就紧贴水面游动。黍鲱在4月至5月到海岸浅水区产卵，一条雌鱼最多产卵2万颗。产卵后开始了最长持续到10月的大量进食期。从11月底至来年4月初，黍鲱在深海过冬，在有些地区和鲱鱼群混杂而居。以前的时候波罗的海黍鲱全年都被过度捕捞，但现在也有了针对它们的休渔期。特别受欢迎的是"基尔熏黍鲱"和香草腌泡或油浸"酸辣黍鲱"。

1　Reykjavik，冰岛首都。
2　Rhodos，希腊岛屿。

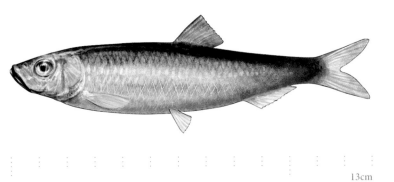

13cm

大西洋油鲱

学　名：*Brevoortia tyrannus*
德文名：Menhaden
英文名：Menhaden
法文名：Menhaden

油鲱属于鲱科，分为大西洋油鲱、太平洋油鲱和海湾油鲱。在美国渔民行话中它被称为"bunker"或"mossbunker"。它的种名据说来源于印第安语词汇"menhada"，意为"多产的"。这个词既描述了油鲱鱼群之大，也描述了油鲱使用之广。因为大西洋东岸的印第安人当时还不知道用盐来保存油鲱，因此也把过剩的油鲱当作玉米地肥料。大西洋油鲱出现在从加拿大新斯科舍省至美国佛罗里达州的北美大西洋海岸。油鲱最长可达35厘米，在鳃片后上方的银色鳞片上有一个黑点，有的油鲱身体侧线上方还会有多个黑点。油鲱会结成庞大鱼群，喜欢海岸水域，全年都可在那里产卵，但深秋季节是集中产卵期。同时，它们还游进河口，幼鱼在返回大海之前在那里长大。油鲱的肉很细嫩，含油很多。今天人们主要把它们当作罐头鱼，在美国，切萨皮克湾渔民把它们当作捕获虾蟹的诱饵。但它们也有迷人的一面：它们的鱼油被用来制作口红。因此，油鲱以看不见的方式走上了好莱坞的红地毯，而大小明星们却没有意识到他（她）们嘴上挂着鱼。

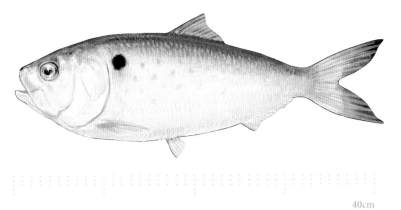

40cm

宝刀鱼

学　名：*Chirocentrus nudus;*
　　　　Chirocentrus dorab
德文名：**Wolfshering**
英文名：**Wolf herring**
法文名：**Hareng de loup**

　　宝刀鱼属于鲱鱼种类，但只是鲱鱼在鲱形目（Clupeiformes）中的远亲。这种贪食的肉食鱼出现在从红海经印度洋至澳大利亚和日本的海岸水域。它修长的身体最长可达1米，那使它成为快速游泳健将。宝刀鱼的上下颚长着锋利的牙齿用于捕猎，此外还有一排细牙用于嚼碎猎物。亮银色的鳞片和深蓝色的背脊让人想起大西洋鲱鱼，就像是这种快乐的群居分子变成了热带海域的海德先生[1]。与鲱鱼不同，宝刀鱼的背鳍不在身体中间部位，而是在靠近尾部的地方。腹鳍与强有力的尾鳍相比显得很小。宝刀鱼是鲱科中至今仍然存在的唯一可以追溯到白垩纪的鱼类。希望它们还能更长久地存在下去。宝刀鱼在日本作为食用鱼很受重视，很多渔民在追捕它们。

1　Mr. Hyde，又称化身博士，是英国作家罗伯特·路易斯·史蒂文森所写的一部小说中的人物，故事描述在维多利亚时代，杰克尔博士为了探索人性的善恶，研究发明了一种特殊的新药，吃下去便会变成另一个自我，即海德先生。

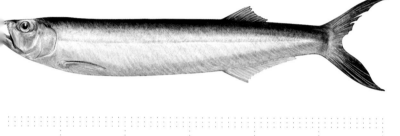

60cm

参考文献

来源

Die Bibel. Alters und Neues Testament nach Martin Luther（《圣经》——根据马丁·路德所译的新旧约版本）. Stuttgart 1977.

Hildegard von Bingen: *Das Buch von den Fischen*（《鱼书》）. Salzburg 1991.

Alfred Brehm: *Illustriertes Thierleben. Band 3:Die Fische*（《插图版动物生活.第3卷：鱼》）. Leipzig und Wien 1918.

James Solas Dodd: *An Essay towards a Natural History of the Herring*（《鲱鱼博物志随笔》）.London 1752.

Richard Ellis：*Encyclopaedia of the Sea*（《海洋百科全书》）. New York 2001.

Kurt Fiedler：*Lehrbuch der Speziellen Zoologie.Band 2:Fische*（《特别动物学教科书.第二卷：鱼》）. Jena 1991.

Conrad Gesner: *Vollkommenes Fischbuch*（《鱼类全书》）. Hannover 1995.

Jacob und Wilhelm Grimm: *Deutsches Woerterbuch in 31 Bänden*（《31卷本德语词典》）. Muenchen 1991.

Friedrich Heincke: *Naturgeschichte des Herings*（《鲱鱼博物志》）. Berlin 1898.

Ralf Hammel-Kiesow: *Die Hanse*（《汉萨同盟》）. Muenchen 2000.

Der Königsspiegel（《国王垂训》）. Herausgegeben von Rudolf Meissner，Leipzig und Weimar 1978.

Kurt Jagow: *Die Kulturgeschichte des Herings*（《鲱鱼文化史》）. Langensalza 1920.

Carsten Jahnke: *Das Silber des Meeres*（《大海中的银子》）. Köln und Weimar 2000.

Manfred Klinkhardt: *Der Hering*（《鲱鱼》）. Magdeburg 1996.

Angelika Lampen: *Fischerei und Fischhandel im Mittelalter*（《中世纪的渔业和鱼类贸易》）. Husum 2000.

Elena Loewenthal: *Der Hering im Paradies*（《天堂里的鲱鱼》）. Muenchen 1999.

John M.Mitchell: *The Herring, Its Natural and National Importance*（《鲱鱼，它的自然和国家重要性》）. Edinburgh 1895.

Michael North: *Geschichte der Ostsee* （《波罗的海历史》）. Muenchen 2011.

Birgit Pelzer-Reith: *Sex & Lachs & Kabeljau* （《性、鲑鱼和鳕鱼》）. Hamburg 2005.

Schwedische Volksmärchen （《瑞典民间童话》）. Herausgegeben von Kurt Schier, Reinbek 1995.

文化史

Sebastian Brant: *Das Narrenschiff* （《愚人船》）. Leipzig 1979.

Nicolai Cikovsky: *Winslow Homer* （《温斯洛·霍莫》）. New York 1990.

Richard Erdosz: *American Indian Myths and Legends* （《美国印第安神话和传说》）. New York 1985.

Caspar David Friedrich: *Das gesamte graphische Werk* （《版画全集》）. Muenchen 1985.

Neil M.Gunn: *The Silver Darlings* （《银色的宠儿》）. London 1989.

Jurjen van der Koi: *Friesische Sagen*（《弗里斯兰传说》）. Muenchen 1994.

Olaus Magnus: *Die Wunder des Nordens* （《北方的奇迹》）. Frankfurt 2006.

Jules Michelet: *Das Meer* （《海洋》）. Frankfurt 1987.

Heiner Mueller: *Die Prosa. Werke Band 2* （《散文作品第二卷》）. Frankfurt 1999.

Siegfried Neumann: *Plattdeusche Märchen* （《低地德语童话》）. Rostock 1981.

William Shakespeare: *The Oxford Shakespeare* （《牛津版莎士比亚全集》）. Oxford 1990.

W.G.Sebald: *Die Ringe des Saturn* （《土星光环》）. Frankfurt 1995.

Karl Friedrich Wilhelm Wander: *Deutsches Sprichwörter-Lexikon* （《德国谚语词典》）. Darmstadt 1977.

图片说明

封面图片：灰黍鲱和鲱鱼，乔木村山[1]所画，图片选自1924年版约翰·奥利弗·拉格尔斯所著《鱼类之书》第32页。

第97页图片：鲱鱼和黍鲱，图片选自1833年出版的威廉·贾丁所著"自然博物馆系列丛书"第37卷.《鱼类学：英国鱼类：第二部分》。

第99—109页图片：选自2014年柏林出版的《法尔克·诺德曼插图》。

作者简介：

　　霍尔格·特施克（Holger Teschke），
1958 年出生于吕根岛的卑尔根，曾作为机
械工驾渔船出海捕鱼，1982 年起在柏林学
习戏剧导演，1999 年受聘为柏林人艺术团
编剧。现为导演和剧作家，经常为《海洋》
杂志、《报纸戏剧》和德意志广播电台文化
频道写文章。现居住在柏林和马萨诸塞州。

译者简介：

　　聂立涛，2001 年毕业于北京大学德语
系，现为媒体从业者。

图书在版编目（CIP）数据

鲱鱼 /（德）霍尔格·特施克著；聂立涛译 .—北京：北京出版社，2022.10
　　（博物学书架）
　　ISBN 978-7-200-13618-0

Ⅰ . ①鲱… Ⅱ . ①霍… ②聂… Ⅲ . ①鱼类—普及读物 Ⅳ . ① Q959.4-49

中国版本图书馆 CIP 数据核字（2017）第 310942 号

策　划　人：王忠波　　　　学术审读：刘　阳
责任编辑：王忠波　邓雪梅　　责任营销：猫　娘
责任印制：陈冬梅　　　　　　装帧设计：李　高　吉　辰

·博物学书架·

鲱鱼
FEIYU

（德）霍尔格·特施克　著　聂立涛　译

出　　版：北京出版集团
　　　　　北 京 出 版 社
地　　址：北京北三环中路 6 号
邮　　编：100120
网　　站：www.bph.com.cn
总 发 行：北京出版集团
印　　刷：北京华联印刷有限公司
经　　销：新华书店
开　　本：880 毫米 ×1230 毫米　1/32
印　　张：4.375
字　　数：72 千字
版　　次：2022 年 10 月第一版
印　　次：2022 年 10 月第一次印刷
书　　号：ISBN 978-7-200-13618-0
定　　价：68.00 元

如有印装质量问题，由本社负责调换
质量监督电话：101-58572393

著作权合同登记号：01-2017-7318

First published in the series Naturkunden, edited by Judith Schalansky for Matthes & Seitz Berlin

U0077477

U0187749